水利工程关键问题有限元解决方案
（下册）

温贵明　方海艳　王阳　刘艳红　王保东　杨晨　王海军　著

黄河水利出版社
·郑　州·

内 容 提 要

MIDAS/GTS 系统软件是由全球著名的韩国岩土软件开发商 MIDAS 公司在 20 世纪 90 年代开发的仿真岩土分析软件。该软件面向岩土、采矿、交通、水利、地质、环境工程等领域,是全球最知名的岩土分析软件之一,其涵盖内容广泛。GTS 不仅是通用的分析软件,而且还是包含岩土与隧道工程领域最新发展技术的专业程序,其功能包括应力分析、施工阶段分析、渗流分析以及其他多种功能。作为优秀的岩土工程设计分析软件,MIDAS/GTS 目前已经为上百万科学研究人员、工程技术人员、教育工作者以及学生提供了无与伦比的帮助,也因其具有功能强大、简单易用、工程应用性强的特点,已逐渐在工程界得到越来越广泛的应用。为了更好地利用此软件解决水利工程问题,我们编写了此书。

本书可以作为从事水利工程勘测、设计、施工、运行人员的工具书,也可供科研、教学等方面的科技人员及大专院校相关专业师生参考使用。

图书在版编目(CIP)数据

水利工程关键问题有限元解决方案:上、下册/王立成等著. —郑州:黄河水利出版社,2021.12
ISBN 978-7-5509-3188-6

Ⅰ.①水… Ⅱ.①王… Ⅲ.①水利工程-有限元分析
Ⅳ.①TU-39

中国版本图书馆 CIP 数据核字(2021)第266372号

出 版 社:黄河水利出版社　　　　　　　　　　网址:www.yrcp.com
　　　　　地址:河南省郑州市顺河路黄委会综合楼14层　邮政编码:450003
发行单位:黄河水利出版社
　　　　　发行部电话:0371-66026940、66020550、66028024、66022620(传真)
　　　　　E-mail:hhslcbs@ 126. com
承印单位:广东虎彩云印刷有限公司
开本:787 mm×1 092 mm 1/16
印张:30
字数:750 千字
版次:2021 年 12 月第 1 版　　　　　　　　　　印次:2021 年 12 月第 1 次印刷

定价:98.00 元

前　言

随着计算机的飞速发展和广泛应用以及有限元理论的日益完善,各种大型通用及专用有限元计算软件也得到长足的发展,在各个领域得到了广泛的应用。其中较为著名的通用大型有限元软件有 ANSYS、ALGOR、ABAQUS、MSC.MARC 和 MSC.MIDAS 等。

MIDAS/GTS 系统软件是由全球著名的韩国岩土软件开发商 MIDAS 公司在 20 世纪 90 年代开发的仿真岩土分析软件。该软件面向岩土、采矿、交通、水利、地质、环境工程等领域,是全球最知名的岩土分析软件之一,其涵盖内容广泛。GTS 不仅是通用的分析软件,而且还是包含岩土与隧道工程领域最新发展技术的专业程序,其功能包括应力分析、施工阶段分析、渗流分析以及其他多种功能。作为优秀的岩土工程设计分析软件,MIDAS/GTS 目前已经为上百万科学研究人员、工程技术人员、教育工作者以及学生提供了无与伦比的帮助。MIDAS 开发于世界最大的钢铁公司——POSCO MIDAS(韩国电算结构协会认证, MIDAS—ISO 9001 认证),通过中国原建设部评估鉴定,成功应用于 8 个韩日世界杯体育场及 4 500 多个大中型工程项目中。截至 2006 年底,MIDAS 已拥有 600 多家国内用户。

其可以进行的静力分析包括:

➤ 线性静力分析及非线性静力分析;施工阶段分析包括施工、稳定渗流、瞬态渗流及固结分析;边坡稳定分析;动力分析包括特征值分析、时程分析及反应谱分析。

➤ 复杂的地层和地形;地下结构开挖和临时结构的架设与拆除;基坑的开挖、支护;地表、洞室内的位移;喷混、锚杆的内力、应力、位移。

➤ 隧道、大坝、边坡的稳态/非稳态渗流分析;从饱和区域到非饱和区域使用 Darcy′s 原理;在 Van Genuchten 和 Gardner′s 公式中可自定义其非饱和特性函数。

➤ 施工阶段或时程分析中的最终状态;考虑渗流分析中孔隙水压应力耦合的有效应力分析。

➤ 排水(非黏性土) 与非排水(黏性土) 分析;各阶段的孔隙水压和固结沉

降结果。

➤ 任意形状的二维或三维地表、地层模型;破坏模式是任意的,不局限于单纯的圆形、弧形等;查看安全系数、变形信息和剪切破坏形状等。

➤ 任意荷载、地震、爆破等振动。

动力分析包括:

➤ 各种动力分析(自振周期、反应谱、时程)。

➤ 内含地震波数据库、自动生成地震波与静力分析结果的组合功能。

➤ 荷载−结构模式的二衬的内力、应力、变形计算。

➤ 锚杆单元的内力、应力、变形计算。

1.本书意义

在国内,MIDAS/GTS 软件正逐步成为水利行业 CAE 仿真分析软件的主流,龙首电站大坝、二滩电站和三峡工程等都利用了 MIDAS/GTS 软件进行有限元仿真分析。与此同时,虽然目前市面上各种关于 MIDAS/GTS 分析软件的书籍不胜枚举,但专门供水利专业同行借鉴学习的 MIDAS/GTS 书籍却并不多见。作为水利工程师,作者根据自己多年来使用 MIDAS/GTS 的心得体会,总结并汇总相关分析实例编著了本书,旨在为学习 MIDAS/GTS 的水利同行提供一种思路。

本书所有实例均经过精心设计和筛选,代表性强,并具有实际的工程应用背景,每个例题都通过图形用户界面方式向读者做了详细的介绍。对于希望解决实际工程问题的高级用户而言,也可以通过参考其中类似例题的分析和求解过程圆满完成任务。

2.主要内容

本书以 MIDAS/GTS 为软件平台,共分 12 个章节,具体内容如下:

MIDAS/GTS 基础应用篇。主要介绍 ANSYS 软件的发展过程、技术特点,程序功能、文件系统及 MIDAS/GTS 的结构分析过程。

MIDAS/GTS 具体操作。MIDAS/GTS 工程实例应用,通过简单的工程实例计算,详细地给出工程实例计算的步骤,使得学习者能按照例题操作熟悉模拟过程。

MIDAS/GTS 工程实例。介绍了水利工程设计常见的水工建筑物的 MIDAS/GTS 有限元分析实例,内容包括边坡计算、隧洞施工阶段分析、土石坝渗漏、稳定及应力应变计算等。

3.适用对象

本书可作为理工科院校土木、力学和隧道等专业的本科生、硕士研究生、博士生及教师学习 MIDAS/GTS 软件的学习教材,也可作为从事土木建筑工程、水利工程等专业的科研人员学习使用 MIDAS/GTS 的参考用书。

MIDAS/GTS 功能极为繁杂,我们不可能涉及每一个部分,而且由于编写时间仓促,书中难免存在错误和不足之处,欢迎广大读者和同行批评指正。

4.分工及致谢

全书编写分工如下:全书章节安排及统稿由王立成负责,总计 75 万字,温贵明、李永胜、唐志坚、冯晏辉、方海艳对本书上册进行校核,王保东、王阳、刘伟丽、薛玮翔、刘艳红、杨晨对本书下册进行校核。其中上册由王立成、李永胜、刘伟丽、唐志坚、冯晏辉、薛玮翔编写;下册由温贵明、方海艳、王阳、刘艳红、王保东、杨晨、王海军编写。

在本书编写过程中,张淑鹏、王一帆等参与了排版及章节整理工作,对本书的编写给予了大力的支持与帮助,在此表示感谢!

另外在本书出版过程中,承蒙中水北方勘测设计研究有限责任公司编辑部王晓红、于荣海两位同仁以及黄河水利出版社给予的大力支持,谨致以衷心的感谢。

作 者

2021 年 11 月

目　　录

前　言

1　MIDAS 概述 ……………………………………………………………………（1）

　1.1　概　要 …………………………………………………………………………（1）

　1.2　程序安装 ………………………………………………………………………（2）

2　MIDAS/GTS 有限元分析步骤 ……………………………………………（6）

　2.1　建立几何模型（Geometry Modeling） …………………………………（6）

　2.2　划分网格（Mesh Generation） …………………………………………（8）

　2.3　设定分析条件（Analysis Condition） …………………………………（8）

　2.4　分析（Analysis） …………………………………………………………（9）

　2.5　查看结果（Post-processing and Result Evaluation） …………………（9）

3　MIDAS 实体建模过程 ………………………………………………………（10）

　3.1　GTS 的建模方式 ………………………………………………………（10）

　3.2　分析系统 …………………………………………………………………（22）

　3.3　界面的使用 ………………………………………………………………（24）

　3.4　选择和视图 ………………………………………………………………（34）

　3.5　利用联机帮助 ……………………………………………………………（51）

　3.6　利用 MIDAS/GTS 的主页 ……………………………………………（52）

　3.7　输入/输出文件 …………………………………………………………（52）

4　MIDAS 网格划分及有限元模型建立 …………………………………（54）

　4.1　程序的基本使用方法 ……………………………………………………（54）

　4.2　二维几何建模 ……………………………………………………………（64）

　4.3　三维几何建模 ……………………………………………………………（71）

　4.4　生成二维网格 ……………………………………………………………（80）

　4.5　生成三维网格 ……………………………………………………………（86）

5　MIDAS 后处理 ………………………………………………………………（94）

　5.1　打开 GTS 文件 …………………………………………………………（94）

　5.2　等值线（Contour） ………………………………………………………（94）

　5.3　等值面（Iso Surface） …………………………………………………（95）

5.4 剖断面(Slice Plane) ……………………………………………… (97)

5.5 剖分面(Clipping Plane) …………………………………………… (99)

5.6 动画(Animation) …………………………………………………… (99)

5.7 提取结果(Extract Result) ……………………………………… (100)

5.8 结果标记(Probe Result) ……………………………………… (101)

6 单桩桩身内力及轴向承载力计算 ……………………………………… (104)

6.1 理论计算 ……………………………………………………………… (104)

6.2 桩身内力 ……………………………………………………………… (104)

6.3 轴向承载力计算 …………………………………………………… (109)

6.4 开始建立模型 ……………………………………………………… (111)

6.5 设定非线性分析选项 ……………………………………………… (114)

6.6 结论 ………………………………………………………………… (116)

7 接触问题解决方案 ……………………………………………………… (117)

7.1 建立接触单元的方法 ……………………………………………… (117)

7.2 GTS 接触单元的理论分析 ………………………………………… (119)

8 土工格栅分析实例 ……………………………………………………… (130)

8.1 计算边界条件 ……………………………………………………… (130)

8.2 项目设置 …………………………………………………………… (130)

8.3 建立模型 …………………………………………………………… (131)

8.4 网格划分 …………………………………………………………… (132)

8.5 单元划分 …………………………………………………………… (133)

8.6 属性添加 …………………………………………………………… (134)

8.7 材料及参数设置 …………………………………………………… (136)

8.8 材料名称及属性赋值 ……………………………………………… (137)

8.9 增加弹簧 …………………………………………………………… (138)

8.10 单元划分 …………………………………………………………… (139)

8.11 析取单元 …………………………………………………………… (140)

8.12 建立网格组 ………………………………………………………… (141)

8.13 选择有用的网格组 ………………………………………………… (141)

8.14 生成网格组 ………………………………………………………… (142)

8.15 创建界面单元 ……………………………………………………… (143)

8.16 设置边界条件 ……………………………………………………… (144)

8.17 设置 UX 支撑 ……………………………………………………… (144)

8.18 设置自重 …………………………………………………………… (145)

8.19 定义施工阶段 ································ (146)

8.20 生成余下的施工阶段 ······················ (146)

8.21 分析工况 ···································· (147)

8.22 工况分析 ···································· (148)

8.23 查看变形结果 ······························ (148)

8.24 查看应力结果 ······························ (149)

9 边坡工程计算分析 ································· (150)

9.1 二维边坡稳定分析 ·························· (152)

9.2 二维抗滑桩边坡稳定分析 ·················· (167)

9.3 三维边坡稳定分析 ·························· (180)

9.4 预应力加固边坡 ···························· (194)

10 土石坝计算分析 ································· (203)

10.1 水位骤降坝体渗流分析 ···················· (204)

10.2 MIDAS 详细操作过程-GTS 土石坝有限元应力变形计算 ········ (219)

10.3 坝体渗流应力与坝坡稳定性分析 ············ (228)

11 隧洞及地下洞室计算 ····························· (254)

11.1 隧洞分阶段施工详细计算 ·················· (255)

11.2 地铁施工阶段分析 ························ (276)

11.3 三维连接隧道施工阶段分析 ················ (327)

12 工程实例分析 ··································· (374)

12.1 输水隧洞计算分析 ························ (374)

12.2 软岩地区长距离、小洞径隧洞顶管掘进机应用关键技术研究 ····· (402)

12.3 平顶山市区及叶县供水穿越南水北调工程三维计算 ··········· (416)

12.4 某土石坝渗流、边坡稳定及应力变形计算分析研究 ··········· (424)

附件 ··· (451)

10　土石坝计算分析

　　土石坝是由坝址附近的土石料填筑而成的一种坝型,所以又称当地材料坝。土石坝是建造历史最悠久、应用最普遍的一种坝型。我国已建成 15 m 高以上的水坝约 9 万座,其中 90% 以上为土石坝。另外大量的江、河、湖、海堤防工程绝大部分实质上也属于土石坝,只是堤防工程的用途及运行工况与水库大坝稍有差异。

　　按照施工方法不同,土石坝可分为:碾压土石坝、水中填土坝和水力冲填坝。

　　(1)碾压土石坝是用机械将土石料分层碾压密实,这种施工方法适合采用各种类型土石料建坝,是应用最广泛的施工方法。

　　(2)水中填土坝是在填土面筑围埝,形成水池,再填土入池,依靠上层填土的重量进行压实和排水固结。这种施工方式适用于砂性土,因为砂性土浸水易溶解,透水性强,排水固结快。

　　(3)水力冲填坝是依靠水力冲击土料形成泥浆,泥浆沿着通道流向事先在坝面围好的围埝里,然后淤积,经脱水固结,形成均匀密实的坝体。这种施工方式同样只适用于砂性土(吹填筑堤)。

　　碾压土石坝按土石料在坝体的分布情况及防渗设施位置不同,可分为以下几种坝型,均质土坝和分区坝。

　　目前,碾压土石坝的设计仍为半经验性,对拟建和在建的高碾压土石坝的受力变形规律缺少相应的工程经验,数值计算也有缺陷。为定性预测工程运行情况,采用土石坝应力变形分析中常用的邓肯-张 E-B 非线性弹性模型。其中混凝材料采用线弹性模型。邓肯-张 E-B 模型能反映土石坝变形的主要特征即非线性,可以体现应力历史对变形的影响,用于增量计算,能一定程度上反映应力路径对变形的影响,而且该模型参数确定有比较成熟的经验,简单方便,因此已被广泛应用于土石坝应力变形分析中。邓肯-张 E-B 模型的基本参数为切线杨氏模量 E_t 和切线体积变形模量 B_t。

　　在土石坝施工过程中,坝体是分层施工的,即在第一层施工完毕后才开始施工第二层,而在考虑逐层加载模拟过程中,也要按照施工程序逐层加载,这种逐层加载过程,与假设瞬间把全部荷载施加在坝体上的模拟,在机制上是不一样的。坝体一次性加荷与逐级加荷计算的应力应变分布情况不同,坝体逐级加荷计算的竖向最大位移分布在坝体中部,而最大水平位移分布在靠近岸坡处。因此,土石坝的应力应变分析,考虑按施工程序逐层加载模拟是必须的。

　　采用通用有限元软件 MIDAS 对土石坝进行非线性分析,自带的本构模型邓肯-张 E-B 模型,结合土石坝的填筑过程及坝体分区等情况,应用邓肯-张 E-B 模型计算原理和土石坝的非线性静力分析,实现土石坝应力应变分析过程。

10.1　水位骤降坝体渗流分析

10.1.1　模型概要

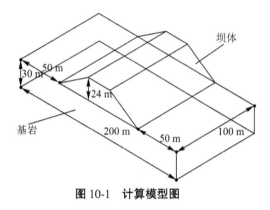

图 10-1　计算模型图

某坝体模型(如图 10-1 所示)尺寸长×宽×高为 100 m×100 m×24 m,基岩模型为尺寸长×宽×高为 100 m×200 m×30 m。本案例目的是讲解如何通过 MIDAS GTS 软件对水利水电工程中土石坝水位骤降进行渗流分析,同时渗流分析结果可与应力分析耦合,从而执行坝体的应力变形分析。

以整体坐标系原点为基准,满水位高度 22 m,模拟水位下降到 5 m。施工阶段大体上设置为 3 个阶段。第一个阶段,假设长时间维持满水位岩土为饱和状态后执行稳态流分析。第二个阶段,分析在水位骤降期间基于时间的坝体内孔隙水压变化的瞬态流分析。第三个阶段,分析确认维持 5 m 水位一段时间,基于时间的坝体内孔隙水压变化。

10.1.2　设置分析条件

设置分析条件如图 10-2 所示,依次单击“分析>分析工况>设置”。

图 10-2　设置分析条件

设置模型类型、重力方向及初始参数,确认分析中使用的单位。单位制可在建模过程及确定分析结果时修改,输入的参数将被自动换算成设置的单位制。本例是以 Z 轴为重力方向的三维模型,单位制使用 SI 单位(kN,m,h)。

10.1.3　定义材料及特性

10.1.3.1　定义岩体(定义非饱和特性)

在本例中适用常用的 Mohr-Coulomb 模型。按各地层使用的材料见表 10-1,各非饱和特性参数参考试验值(下表中只有多孔材料适用于渗流分析)。

各地层材料见表 10-1,并按图 10-3 定义岩体参数。

表 10-1　　　　　　　　　　　　　岩体参数表

名称	坝体	基岩
材料	各向同性	各向同性
模型类型	莫尔-库伦	莫尔-库伦
弹性模量 E(MPa)	5.2E+04	2.0E+06
泊松比 ν	0.3	0.2
容重 γ(kN/m^3)	19	23
K_0	0.74	0.6
容重(饱和)	22	23
初始孔隙比 e_0	0.5	0.5
排水参数	排水	排水
k_x	1.92E−05	1.0E−05
k_y	1.92E−05	1.0E−05
k_z	1.92E−05	1.0E−05
黏聚力(kN/m^2)	30	100
摩擦角(°)	35.6	43

图 10-3　定义属性

10.1.3.2　定义属性

创建网格时,需要为各网格组指定、分配属性。定义岩土和结构的属性时,需要首先选择材料。

坝体、基岩材料的属性见表10-2。

表 10-2　　　　　　　　　　　　　　坝体、基岩材料的属性

名称	坝体	基岩
类型	3D	3D
模型类型	坝体	基岩

10.1.3.3　定义函数

在瞬态流分析中,需设置确认结果的时间步。这时把设置的与时间步对应的数值,从渗流边界函数中自动插值后适用到分析上。设置超出渗流边界函数时间范围的步长,则按照渗流边界函数的曲线斜率,线性插值相关时间步的值后自动适用。

本例经过 200 h 后,因为水头值的图表斜率为 0,因此超出的部分按照一致的数值(5 m)计算。

依次单击选择"渗流/固结分析 > 属性/坐标系/函数>函数>渗流边界函数",是设置基于时间的渗流边界变化函数的操作。

在满水位（22 m）,输入 3 d 内水位变化(5 m/d)到 5 m 的水位函数。

（1）选择渗流边界函数。

（2）如图 10-4 所示,输入"(0,22)、(72,5)、(100,5)"创建函数。

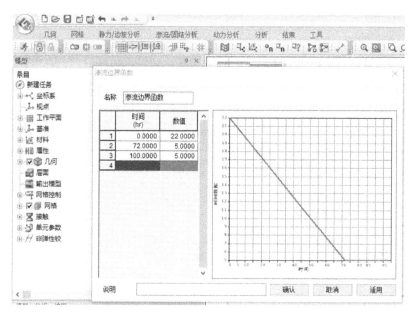

图 10-4　定义函数

10.1.4　几何建模

在 GTS NX 中,使用的坐标系有整体坐标系(GCS)和工作平面坐标系(WCS)。通常

整体坐标系在屏幕右下方,坐标轴用红色(X轴)、绿色(Y轴)、蓝色(Z轴)的箭头表示。工作平面坐标系,位于工作平面中心,与工作平面一起移动。如果工作平面改变,工作平面坐标系也会改变。

10.1.4.1   利用 GTS 导入 CAD 曲线

依次点击" >导入(I)>DWG(线框)",如图 10-5 所示。

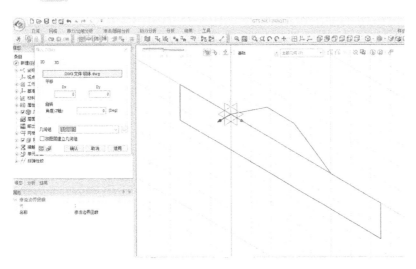

图 10-5   几何建模

10.1.4.2   交叉分割线

依次点击"几何 >顶点与曲线>交叉分割",如图 10-6 所示。

(1)框选模型中曲线。

(2)点击"确认"。

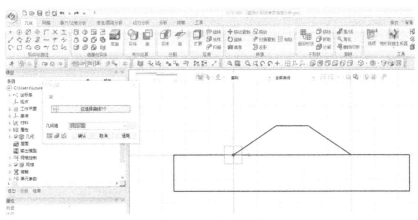

图 10-6   交叉分割线

10.1.4.3   利用曲线创建面

依次点击"几何>曲面与实体>生成曲面",如图 10-7 所示。

按各区域预先创建面,共生成 2 个面。

（1）选择面选项。

（2）选择形成核心区域的闭合线。选择的线只有形成一个闭合的区域才能够创建面。

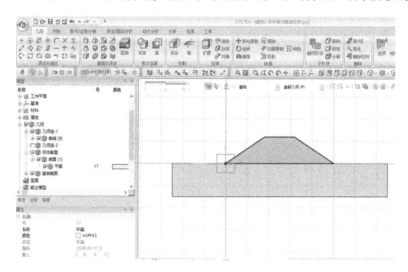

图 10-7　利用曲线创建面

（3）选择"确认"键。

10.1.4.4　生成坝体及基岩体

依次点击"几何>延伸>扩展"，如图 10-8、图 10-9 所示。

利用创建的面，按各区域一次性生成实体。

（1）目标形状选择整体面（2 个）。

（2）方向选择 Y 轴后，长度输入分析区域的范围 100 m。

（3）选择"确认"键，确认创建的实体。

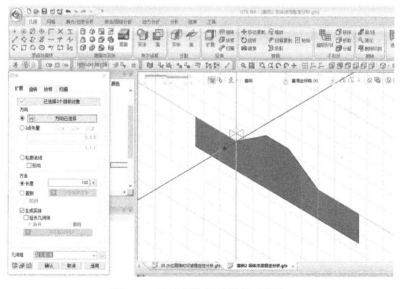

图 10-8　生成坝体及基岩体（平面）

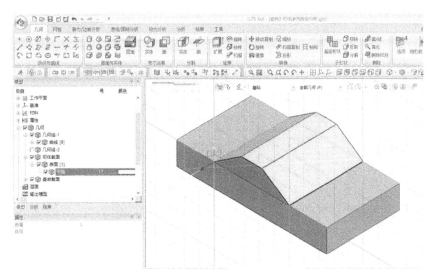

图 10-9   生成坝体及基岩体(立体)

10.1.4.5   创建共享面

确保划分网格后在各区域边界部分的节点耦合,完成创建三维实体后,在各实体之间需生成共享面。

依次点击"几何>曲面与实体>自动连接",如图 10-10 所示。

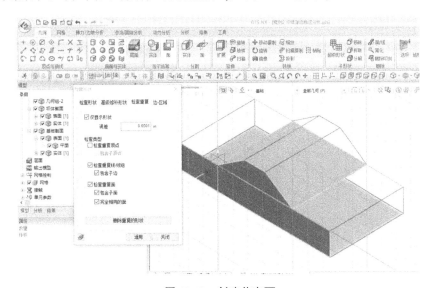

图 10-10   创建共享面

依次点击"几何>工具>检查>检查重复",可以确认是否创建共享面。

10.1.5   网格划分

10.1.5.1   坝体网格创建

依次单击选择"网格 > 生成>三维"自动划分网格,如图 10-11 所示。

（1）选择"自动–实体"选项。

（2）选择坝体区域实体。

（3）单元大小输入"2"，属性选择"坝体"。

（4）选择"适用"键，确认创建的网格。

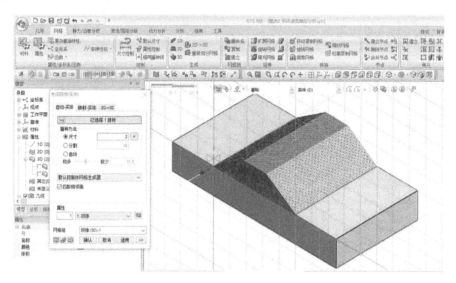

图 10-11　坝体网格创建

10.1.5.2　基岩网格创建

依次单击选择"网格>生成>三维"自动划分网格，如图 10-12 所示。

（1）选择"自动–实体"选项。

（2）选择"坝体区域实体"。

（3）单元大小输入"8"，属性选择"基岩"。

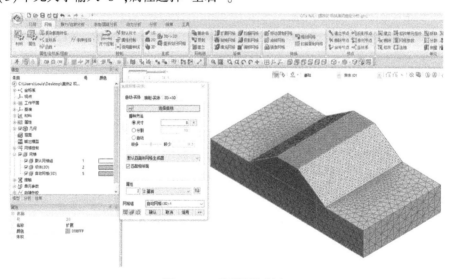

图 10-12　基岩网格创建

（4）选择"适用"键,确认创建的网格。

10.1.6　分析设置

10.1.6.1　设置边界条件

依次单击选择"渗流/固结分析>边界>节点水头"，如图 10-13 所示。

以整体坐标系的原点为准,模拟 3 d 时间水位从 22 m 高度的满水位状态下降到 5 m 高度的情况。满水位时,定义 20 m 水头边界进行稳态流分析;水位骤降时,使用预先定义的渗流边界函数来创建水头边界进行瞬态渗流分析。

（1）目标形状选择面。

（2）如图 10-13 所示,选择所有左侧坝体地表面（2 个）。

（3）"值"上输入满水位 22 m 后,种类选择"总"。

（4）勾选 "如果总水头<位置水头时,$Q=0$" 选项。

（5）边界条件组名称定义为"稳态流"后,选择"适用"键。

（6）接着创建"瞬态流"水头边界。

（7）目标选择上选择与稳态流边界相同的所有面（2 个）。

（8）值上输入"1 m"后,勾选函数,选择预先生成的"渗流边界函数"。

（9）边界条件组名称按"瞬态流"输入后,选择"确认"键。

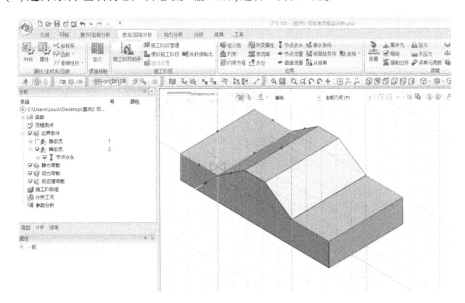

图 10-13　分析设置

依次单击选择"渗流/固结分析>边界条件>渗流面",如图 10-14 所示。

为计算坝体内水流的路径和浸润面的位置而定义的边界条件。在渗流分析中,水位（水头）位置不明确的情况下,可以设置渗流面条件。

（1）计算的孔隙水压小于 0 的情况下,自动删除相应节点上的边界条件。

（2）计算的孔隙水压大于 0 的情况下,孔隙水压设置为 0。

（3）通过如此重复计算，自动搜索最初孔隙水压大于或等于0的节点位置，

（4）其位置成为渗流面。

（5）目标形状类型设置为面，如图10-14所示，选择所有右侧地层面（2个）。

（6）边界条件组设为"渗流面"后，选择"确认"键。

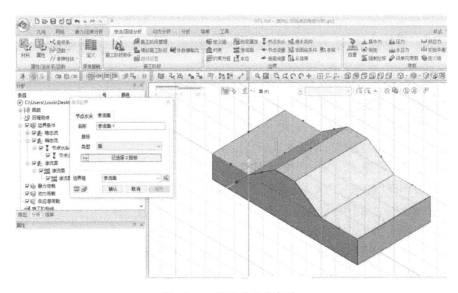

图10-14 定义的边界条件

10.1.6.2 定义施工阶段

依次单击选择"渗流/固结分析>施工阶段>施工阶段管理"，如图10-15～图10-17所示。

为按阶段查看结果本例共设置3个分析阶段，分别为满水位、水位骤降和稳定水位。在瞬态流分析阶段中设置时间步骤，可以于时间历程确认各时间步骤的分析结果。

设置时间步骤时，须考虑渗流边界函数。

在施工阶段上，激活的条件持续有效直到被钝化；当激活/钝化分析数据时，不要和前一阶段的数据重叠。

（1）阶段类型设置为"渗流"后，选择"添加"键。

（2）选择添加的施工阶段组后，选择"定义施工阶段"键。

（3）施工阶段的构成如下：

阶段1-名称：满水位

①阶段种类：稳态流分析。

②激活数据单元：全部网格。

③激活数据约束条件："稳态流"、"渗流边界"。

④保存后选择"添加"键。

图 10-15　定义施工阶段(稳态流分析)

阶段 2-名称:水位骤降

①阶段类型:瞬态流分析。

②时间步长:通过自动定义按 3 步设置 72 h。

③钝化数据约束条件:"稳态流"。

④激活数据约束条件 :"瞬态流"。

⑤保存后选择"添加"键。

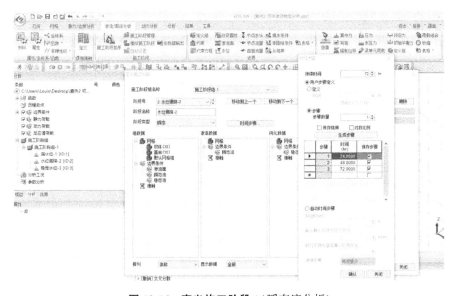

图 10-16　定义施工阶段 1(瞬态流分析)

阶段 3-名称:稳定水位 (水位骤降以后经过一个月时)

①阶段类型:瞬态流分析。

②选择时间步长后,按如下保存结果,设置时间间隔。

③保存后选择"关闭"键。

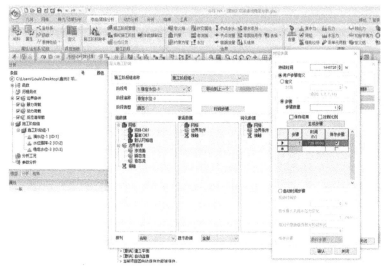

图10-17　定义施工阶段2(瞬态流分析)

10.1.6.3　设置分析工况

依次单击选择"分析>分析工况>新建"。如图10-18所示。

(1)名称设置为"水位骤降时坝坡渗流稳定分析"。

(2)分析种类设置为"施工阶段",施工阶段组设置为"施工阶段组-1"。

(3)在"分析控制>一般选项"上,取消勾选"最大负孔隙压力的限值"选项。

(4)选择"确认"键。

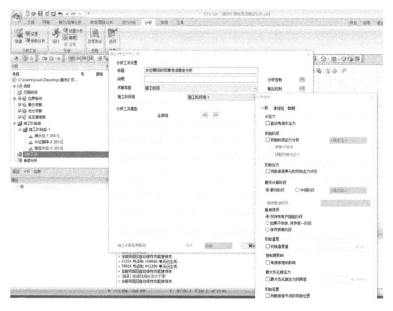

图10-18　设置分析工况

10.1.6.4　执行分析

依次单击选择"分析>分析>运行"执行分析。如图 10-19 所示。

完成分析后自动转换成后处理模式(查看结果)。

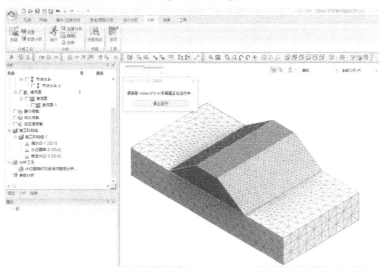

图 10-19　执行分析

10.1.7　分析结果

对瞬态渗流分析,查看基于时间的水头、流速等结果变化的趋势。分析完成后,可以在结果目录树上,按各施工阶段及时间步骤,查看总水头及坝体内孔隙水压分布。所有结果可按云图、等值线、表格、图形等输出。本例需要分析的主要结果项目如下。

(1)满水位时,坝体内孔隙水压分布(浸润面位置)。

(2)水位骤降时,坝体内孔隙水压分布。

(3)基于时间历程的坝体内孔隙水压(水位面)变化。

(4)基于渗流的坝坡稳定性,查看流速、水力坡度结果。

10.1.7.1　查看水头计算结果

执行渗流分析后,可以在 Nodal Seepage Results 项目上查看基于外部水位变化坝体内总水头、孔隙水压及流量变化的结果;水位骤降后经过 30 d 的计算结果。如图 10-20、图 10-21 所示。

(1)在结果目录树上,指定时间步骤(满水位-1),选择"Nodal Seepage Results>TOTAL HEAD"。

(2)在结果目录树上,指定时间步骤(满水位-1),选择"Nodal Seepage Results>PORE PRESSURE HEAD"。

(3)在结果目录树上,指定最后时间步骤(稳定水位-3),选择"Nodal Seepage Results>TOTAL HEAD"。

(4)在结果目录树上,指定最后时间步骤(稳定水位-3),选择"Nodal Seepage Results>PORE PRESSURE HEAD"。

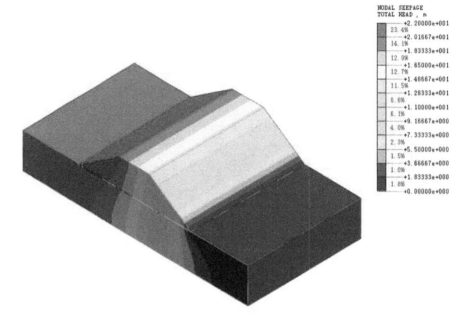

NODAL SEEPAGE
TOTAL HEAD , m

+2.20000e+001
23.4%
+2.01667e+001
14.1%
+1.83333e+001
12.9%
+1.65000e+001
12.7%
+1.46667e+001
11.5%
+1.28333e+001
8.6%
+1.10000e+001
6.1%
+9.16667e+000
4.0%
+7.33333e+000
2.3%
+5.50000e+000
1.5%
+3.66667e+000
1.0%
+1.83333e+000
1.8%
+0.00000e+000

[DATA]　水位骤降时坝坡渗流稳定分析，满水位-1，INCR=1 (LOAD=1.000)，　[UNIT]　　kN，　m

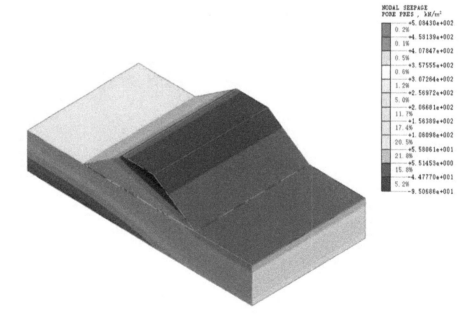

NODAL SEEPAGE
PORE PRES , kN/m²

+5.08430e+002
0.2%
+4.58139e+002
0.1%
+4.07847e+002
0.5%
+3.57555e+002
0.6%
+3.07264e+002
1.2%
+2.56972e+002
5.0%
+2.06681e+002
11.7%
+1.56389e+002
17.4%
+1.06098e+002
20.5%
+5.58061e+001
21.8%
+5.51453e+000
15.8%
-4.47770e+001
5.2%
-9.50686e+001

[DATA]　水位骤降时坝坡渗流稳定分析，满水位-1，INCR=1 (LOAD=1.000)，　[UNIT]　　kN，　m

图 10-20　分析结果 1

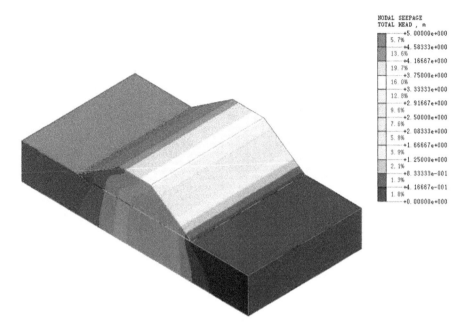

[DATA]　水位骤降时坝坡渗流稳定分析，　稳定水位-3，　INCR=1 (TIME=7.920e+002)，　[UNIT]　　kN，m

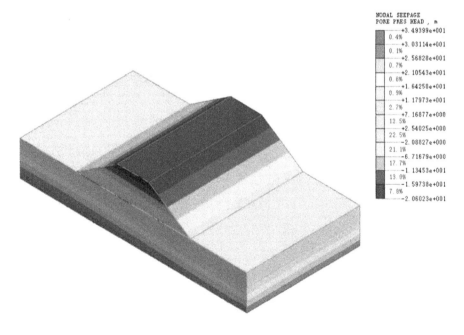

[DATA]　水位骤降时坝坡渗流稳定分析，　稳定水位-3，　INCR=1 (TIME=7.920e+002)，　[UNIT]　　kN，m

图 10-21　分析结果 2

10.1.7.2 坝体水位面变化结果

依次点击"结果>高级>多步骤等值面",可以按各施工阶段/时间步骤,查看坝体水位面变化。如图 10-22 所示。

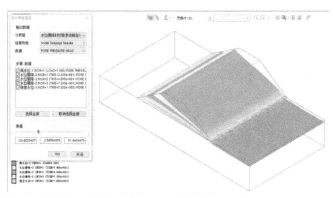

图 10-22　坝体水位面变化结果

10.1.7.3　查看单元结果

通过耦合瞬态流渗流分析的结果,可进行水位骤降时坝坡稳定性分析;或者通过完全应力渗流分析,基于初期满水位的水位变化,计算坝坡的变形和透水性的变化。

为了研究基于渗流的坝坡稳定性,可查看坝体水位骤降坝体流速、水力坡度计算结果。(−)数值是指从坝体上游流入、(+) 数值是指从坝体内部流出。

(1)在结果目录树上,指定时间步骤(水位骤降−2 INCR = 2),选择"3D Elem Seepage Results > FLOW VELOCITY X"。

(2)在结果目录树上,指定最后时间步骤(稳定水位−3 INCR = 1),选择"3D Elem Seepage Results > FLOW VELOCITY X"。

图 10-23 分别为水位骤降 48 h 后、水位骤降后经过 30 d X 方向渗透流速。

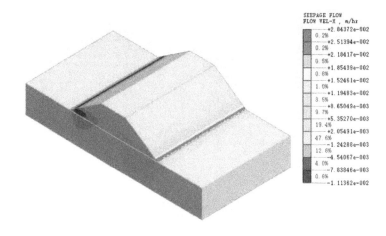

[DATA]　水位骤降时坝坡渗流稳定分析,　水位骤降-2,　INCR=3 (TIME=7.200e+001),　[UNIT]　kN,　m

图 10-23　查看单元结果

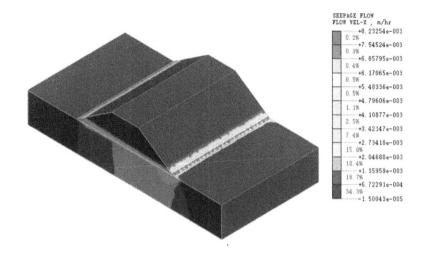

[DATA]　水位骤降时坝坡渗流稳定分析，稳定水位-3，INCR=1 (TIME=7.920e+002)，　[UNIT]　　kN，　m

续图 10-23

10.2　MIDAS 详细操作过程–GTS 土石坝有限元应力变形计算

MIDAS 操作方法如图 11-24~图 11-42 所示。

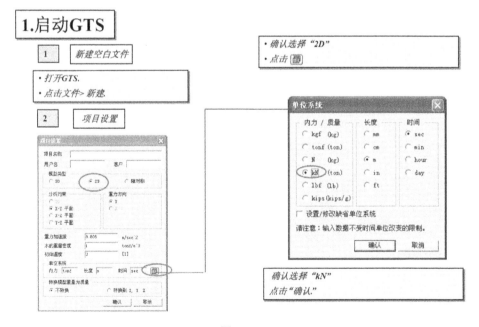

图 10-24

图 10-25

2. 输入特性

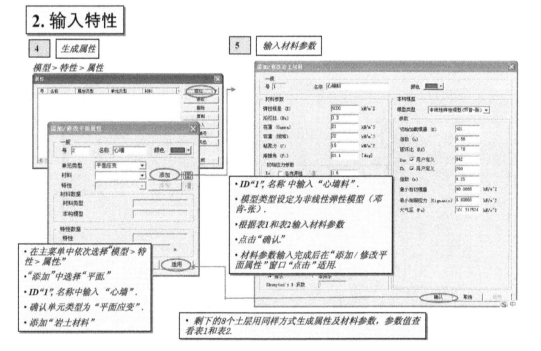

图 10-26

表1

项目	本构模型	K	n	R_f	K_{ur}	K_b	m	v	r (kN/m^3)	C (kN/m^2)	$\phi(°)$
心墙料	D-C	421	0.56	0.78	842	299	0.25	0.4	21	19	21.1
堆石料1区	D-C	1225	0.3	0.73	2450	300	0.16	0.3	19	14	39.4
堆石料2区	D-C	1050	0.25	0.76	2100	380	0.11	0.3	21	18	36.5
细堆石料	D-C	1100	0.28	0.69	2200	530	0.12	0.3	20	11	39.4
反滤1	D-C	1145	0.19	0.78	2290	254	0.1	0.3	17.9	17	34.6
反滤2	D-C	1350	0.2	0.78	2700	350	0.15	0.3	18	18	38
围堰	D-C	1130	0.18	0.76	2260	376	0.1	0.3	21	31	49.1
覆盖层	D-C	1250	0.3	0.6	2500	388	0.29	0.3	21	200	36

表2

项目	本构模型	E(kN/m^2)	V	r(kN/m^3)
混凝土	弹性	2 2500 000	0.167	24.5

续图 10-26

6　属性生成确认

· 确认属性生成后点击"关闭"。

图 10-27

3. 生成网格

| 7 | 自动划分平面网格 |

网格 > 自动网格划分 > 平面...

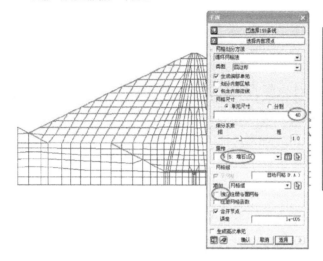

- 在主菜单依次选择"网格 > 自动网格划分 > 平面...(F7)".
- 如图所示选择堆石1区的边线.
- 类型选择为"四边形".
- 网格尺寸按单元尺寸方式定义为"40".
- 属性选择为"堆石1区".
- 确认独立注册各面网格不勾选.
- 点击▣预览确认网格尺寸.
- 点击"适用"生成网格.
- 其他区域的材料如图10-29也用同样方式生成网格.

图 10-28

| 8 | 网格生成确认 |

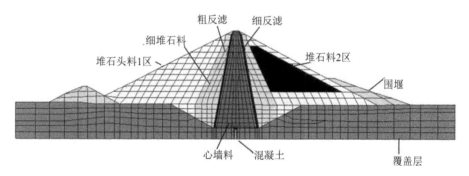

图 10-29　心墙坝材料分区图

（图中标注：粗反滤、细反滤、细堆石料、堆石头料1区、堆石料2区、围堰、心墙料、混凝土、覆盖层）

9 | 网格组命名

网格 > 网格组 > 建立

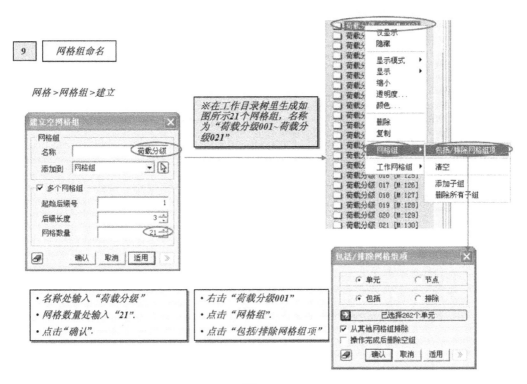

※在工作目录树里生成如图所示21个网格组，名称为"荷载分级001~荷载分级021"

・名称处输入"荷载分级"
・网格数量处输入"21".
・点击"确认".

・右击"荷载分级001"
・点击"网格组".
・点击"包括/排除网格组项"

图 10-30

10 | 荷载分级

・在"选择"工具条里面激活如图所示选择方式。
・多边形选择如图所示深色区域。

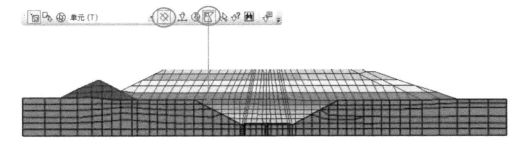

图 10-31

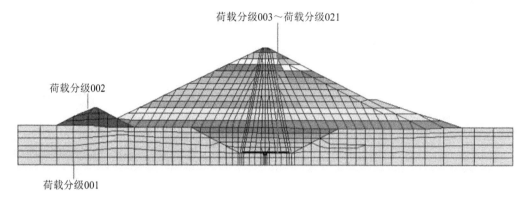

荷载分级003～荷载分级021

荷载分级002

荷载分级001

图 10-32

4. 荷载/边界条件

 11　　自重

模型 > 荷载 > 自重...

- 在主菜单中依次选择 *模型 > 荷载 > 自重...*
- 在荷载组名称中输入"自重".
- 自重系数中的Y输为"-1".
- 点击"确认".

图 10-33

12　　边界条件

模型 > 边界条件 > 地面支承...

- 在主菜单中依次选择 *模型 > 边界条件 > 地面支承...*
- 在边界组名称中输入"一般支承".
- 点击 ⊞ 显示全部(Ctrl+A) 选择所有的网格.
- 点击"确认".

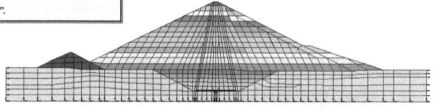

※ 地面支承是V200中增加的一个功能, 这个功能可以自动地设定基本边界条件.

图 10-34

5. 施工阶段

| 13 | 生成施工阶段 |

模型 > 施工阶段 > 定义施工阶段...

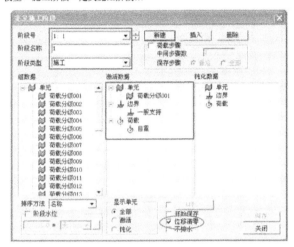

- *在主菜单中依次选择"模型 > 施工阶段 > 定义施工阶段..."*
- *阶段名称中输入"1".*
- *阶段类型选择为"施工".*
- *把组数据中的荷载分级001、一般支承及自重拖进激活数据中.*
- *确认勾选"位移清零".*
- *点击"保存"即可.*

图 10-35

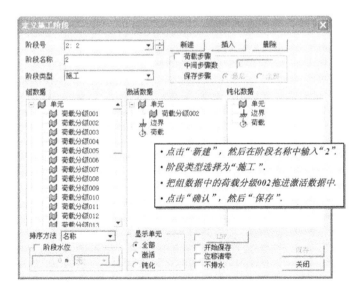

- *点击"新建",然后在阶段名称中输入"2".*
- *阶段类型选择为"施工".*
- *把组数据中的荷载分级002拖进激活数据中.*
- *点击"确认",然后"保存".*

- *重复上述过程,生成施工阶段3~21.*

图 10-36

6. 分析工况

14 分析工况生成

分析 > 分析工况...

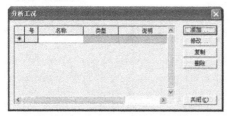

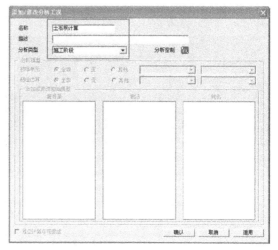

- 在主菜单中依次选择"分析 > 分析工况..."
- 点击"添加..."
- 工况名称中输入"土石坝分析".
- 分析类型指定为"施工阶段".
- 点击"确认".

图 10-37

7. 分析

15 分析

分析 > 分析...

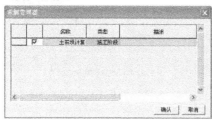

- 在主菜单中依次选择"分析 > 分析..."
- 点击"确认",开始进行分析.

※ 分析结果保存在扩展名为.TA的文件中,而分析结果信息则以文本形式保存在.OUT文件中.

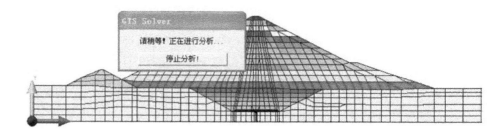

图 10-38

8. 结果查看

16 结果查看

- 切换到结果目录树.
- 查看21步的DX DY、P1和P2的结果.

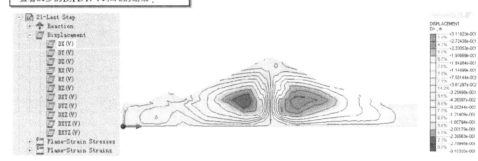

[DATA] CS : 土石坝计算 , 21-Last Step , DX(V)

图 10-39 DX 向位移结果

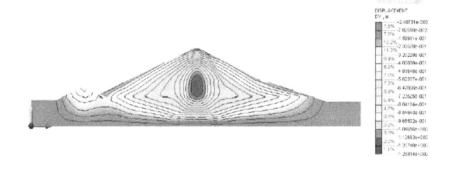

[DATA] CS 土石坝计算 , 21-Last Step , DY(V)

图 10-40 DY 向位移结果

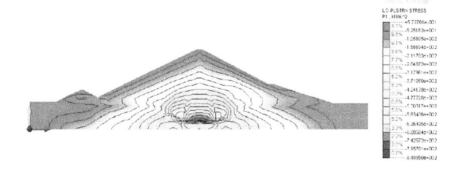

[DATA] CS 土石坝计算 , 21-Last Step , LO-Plstrn P1 (V)

图 10-41 小主应力结果

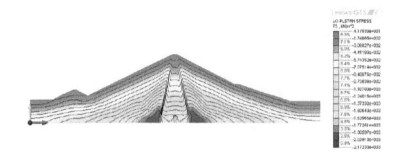

[DATA] CS：土石坝计算 , 21-Last Step , LO-Plstrn P3(V)

图 10-42　大主应力结果

综上所述,MIDAS/GTS 内置的非线性邓肯-张模型可以很好地用于土石坝的应力变形计算,坝体位移、应力分布较为合理。

10.3　坝体渗流应力与坝坡稳定性分析

土石坝的渗流分析和边坡稳定分析一直以来都是土石坝设计中的重点。本节通过工程实例,介绍利用 MIDAS/GTS 进行坝体渗流应力与坝坡稳定性分析的方法。

10.3.1　工程概况

某水电站位于重庆市奉节县新政乡梅溪河上游河段,坝址区控制流域面积 765 km^2,多年平均流量 18.2 m^3/s,该电站的挡水建筑物为砾石心墙坝,最大坝高 113 m,水库正常蓄水位 575 m,相应库容 9 254 万 m^3。校核洪水位 580.65 m,总库容 9 870 万 m^3。死水位 545 m,死库容 2 243 万 m^3。心墙对应的基岩部位设置了帷幕灌浆,大坝典型横剖面示意如图 10-43 所示。

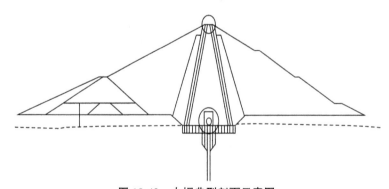

图 10-43　大坝典型剖面示意图

10.3.2　模型的简化

模型左、右边界距坝肩约 30 m,底边界距坝脚最近距离约 155 m,新鲜基岩的最小厚度取为 45 m,顶边界则以包含大坝边界为准。模型中将坝基岩石自上而下简化为 4 层,分别为砂卵石覆盖层、微风化基岩、软弱断层和新鲜基岩。

10.3.3　材料特性

材料的渗透性取为各向同性,坝体土石料在渗流应力分析时采用邓肯张本构,在坝坡稳定性分析时采用莫尔-库伦本构,防渗墙、灌浆帷幕和基岩采用莫尔-库伦本构,上下游护坡块石采用弹性本构。各种材料的渗流参数见表10-3,材料的邓肯-张参数见表10-4。

表 10-3　　　　　　　　　各种材料的渗流参数

序号	部位	渗透系数（m/s）	弹模（MPa）	泊松比	黏聚力（MPa）	内摩擦角（°）	容重（kN/m³）	饱和容重（kN/m³）
1	外反滤层	2.00E-03	300	0.3	0.1	38.1	21.7	22.7
2	内反滤层	2.00E-02	340	0.32	0.2	37.3	20.4	21.7
3	过渡层	8.00E-02	400	0.38	0	38.3	21.8	21.8
4	上下游堆石	5.00E-01	500	0.4	0	38	20.1	20.1
5	上下游垫层	2.00E-02	380	0.41	0.8	40	20.6	21.6
6	护坡块石	1	520	0.33	—	—	21.5	21.5
7	防浪墙混凝土	1.00E-07	38 000	0.15	0.04	12	24.0	24.0
8	斜墙砾石土	3.00E-02	700	0.28	0.1	36	21.5	22.5
9	上下游围堰	1.00E-02	450	0.35	0.19	36	20.5	21.5
10	砂卵石覆盖层	5.00E-02	430	0.4	0	38	21.4	22.4
11	固结灌浆	1.00E-06	29 800	0.28	0.08	21	23.5	23.5
12	防渗帷幕	1.00E-05	35 000	0.17	0.05	15	23.0	23.0
13	微风化基岩	3.00E-05	25 300	0.24	13.8	44	21.2	22.2
14	软弱断层	5.00E-02	400	0.38	0.09	41	21.6	22.6
15	新鲜基岩	1.00E-05	46 000	0.29	21	36	21.5	22.5
16	心墙砾石土	5.00E-06	24 400	0.26	400	30.4	21.0	21.9

表 10-4　　　　　　　　　材料的邓肯-张参数

序号	材料	初始加载模量	指数 n	破坏比 R_f	K_b	指数 m
1	外反滤层1	10.67	0.25	0.759	327	0.19
2	内反滤层2	11.15	0.24	0.671	481	0.21
3	过渡层	11	0.28	0.692	530	0.12
4	上下游堆石	14.25	0.26	0.732	540	0.16
5	上下游垫层	3.2	0.48	0.764	210	0.26
6	护坡块石	—	—	—	—	—
7	防浪墙混凝土	23	0.71	0.91	520	0.29
8	斜墙砾石土	7.8	0.22	0.718	620	0.05
9	上下游围堰	14	0.175	0.743	180	0.33
10	砂卵石覆盖层	8.5	0.32	0.75	—	—
11	固结灌浆	17.5	0.53	0.78	—	—
12	防渗帷幕	20	0.6	0.86	—	—
13	微风化基岩	—	—	—	—	—
14	软弱断层	13.5	0.3	0.712	—	—
15	新鲜基岩	—	—	—	—	—
16	心墙砾石土	3.4	0.49	0.768	260	0.25

10.3.4 操作流程

使用 MIDAS/GTS 进行坝体渗流应力与坝坡稳定性分析,按如下流程进行:运行 GTS→材料属性输入→CAD 线框导入→网格划分→边界及荷载设置→施工阶段定义→渗流分析→渗流应力耦合分析→坝坡稳定性分析→重新定义材料本构→后处理。

以下逐步对操作方法进行讲解。

10.3.4.1 运行 GTS

(1)运行 GTS。项目设置如图 10-44 所示。

(2)点击 □ "文件>新建打开新项目"。

(3)弹出项目设定对话框。

(4)在"项目名称"里输入"几何模型"。

(5)"模型类型"选择"2D"。

(6)其他的直接使用程序设定的默认值。

(7)点击"确认"。

图 10-44 项目设置

(8)在主菜单里面选择"视图>显示选项"。如图 10-45 所示。

(9)在"一般"表格中指定"网格>节点显示>False"。

(10)点击"适用>取消"。

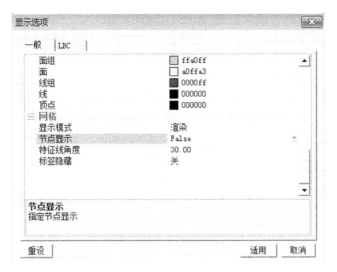

图 10-45　显示项目设置

10.3.4.2　定义材料属性

（1）在主菜单中选择"模型>特性>属性"。

（2）在"添加"中选择"平面"。

（3）在"添加/修改平面属性"对话框里将号指定为"1"。如图 10-46 所示。

（4）在"名称"里输入"外反滤层 1"。

（5）将"单元类型"指定为"平面应变"。

（6）为生成材料点击材料右侧的"添加"。

图 10-46　添加/修改平面属性

(7)在弹出的材料对话框中点击"添加",选择"岩土"。

(8)在"添加/修改岩土材料"对话框里将本构模型的模型类型指定为"邓肯–张"。

(9)将"号"指定为"1"。

(10)在"名称"里输入"外反滤层1"。

(11)根据表10-2和表10-3输入弹模、泊松比、容重、饱和容重、内摩擦角、黏聚力、渗透系数、K、n、R_f、K_b、m。

(12)点击"适用"。

设置反滤层属性如图11-47所示。

图10-47　设置反滤层属性

(13)重复步骤(3)~(12),依次定义内反滤层、过渡层、上下游堆石、上下游垫层、上下游护坡块石、防浪墙混凝土、斜墙砾石土、上下游围堰、砂卵石覆盖层、固结灌浆、防渗帷幕、微风化基岩、软弱断层、新鲜基岩及心墙砾石土,其中防浪墙混凝土、固结灌浆及防渗帷幕的本构类型为莫尔–库伦,上下游护坡块石的本构类型为弹性。

(14)确认生成的16个属性。

生成的16个属性如图10-48所示。

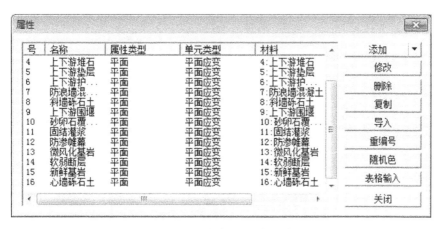

图 10-48 生成的 16 个属性

10.3.4.3 CAD 线框导入

（1）在主菜单中选择"文件>导入>DXF 2D（线框）"。如图 10-49 所示。

图 10-49

（2）导入线框图如图 10-50 所示。

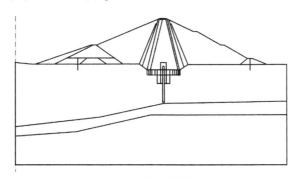

图 10-50 导入模型线框

10.3.4.4 交叉分割,删除

(1)主菜单里选择"几何>曲线>交叉分割"。如图 10-51 所示。

(2)工具条里点击 已显示选择全部的线。

(3)点击 适用 执行命令。

(4)点击 取消 关闭交叉分割对话框。

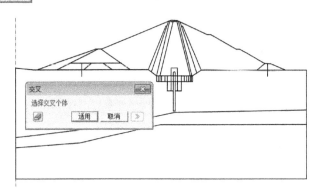

图 10-51 选择交叉个体

10.3.4.5 网格尺寸控制

为了保证网格的质量,网格划分采用映射网格的方法。

(1)在主菜单中选择"网格>网格尺寸控制>定义播种线尺寸"。

(2)为了方便定义网格尺寸,画了一些辅助线。

(3)为了保证心墙部分网格的密度,首先控制心墙部分的尺寸,采用的播种方式为"分割数量"。

(4)为了保证网格的收敛性和四边形的质量,相对应的线采用"相同的播种方式"来控制网格尺寸。

(5)最终网格种子显示如图 10-52 所示。

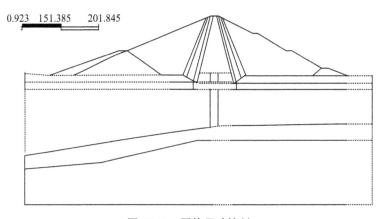

图 10-52 网格尺寸控制

10.3.4.6 映射网格

(1)在主菜单中选择"网格>映射网格>K—线面"。

(2) 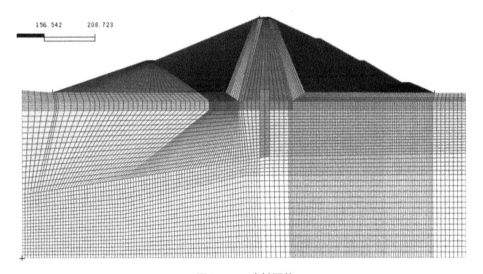 状态下选择构成各部分的线。

(3)"网格尺寸"指定为"单元尺寸","单元尺寸"中输入"1"。

(4)属性处输入对应的材料编号。

(5)确认勾选"合并节点"。

(6)点击 预览按钮确认生成的网格形状。

(7)点击 适用 。

(8)重复步骤(1)~(7)的过程,生成如图 10-53 所示的网格。

(9)点击 取消 。

(10)点击左侧"目录树"里的"网格">"网格组"。

(11)选择属性相同的网格组,鼠标右键,选择"合并",修改合并后的网格组名称。

(12)生成如图 10-53 所示的网格模型。

图 10-53　映射网格

10.3.4.7　定义边界条件——基岩天然边界

(1)主菜单里选择"模型>边界>支承"。

(2)"边界组"里输入"基岩底边界"。

(3)对象的"类型"处指定为"节点(N)"。

(4)选择模型底部的 191 个节点,"模式"选择为"添加",DOF 里勾选"UX""UY"。

(5)点击"适用"。

(6)选择模型两边的 99 个节点,DOF 里取消勾选"UY"。

(7)点击"确定"。

基岩天然边界如图 10-54 所示。

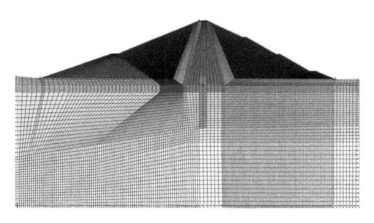

图 10-54　基岩天然边界

10.3.4.8　定义边界条件——水头边界

（1）主菜单里选择"模型>边界>节点水头"。

（2）"边界组"里输入"上游正常水位"。

（3）"对象的类型"处指定为"节点（N）"。

（4）选择坝体上游侧 575 m 高程以下的节点。

（5）"水头"输入"575"。

（6）点击"适用"。

（7）"边界组"里输入"上游正常–下游最低"。

（8）选择坝体下游 493.8 m 高程以下的节点。

（9）"水头"输入"493.8"。

（10）点击"适用"。

正常蓄水位时上下游的水头边界如图 10-55 所示。

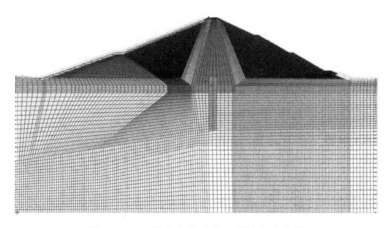

图 10-55　正常蓄水位时上下游的水头边界

（11）"边界组"里输入"上游校核水位"。

（12）选择坝体上游侧 580.65 m 高程以下的节点。

（13）"水头"输入"580.65"，"类型"选为"总水头"。

（14）点击"适用"。

（15）"边界组"里输入"上游校核–下游水位"。

（16）选择坝体下游 495.4 m 高程以下的节点。

（17）"水头"输入"495.4"。

（18）点击"适用"。

校核水位时上下游的水头边界如图 10-56 所示

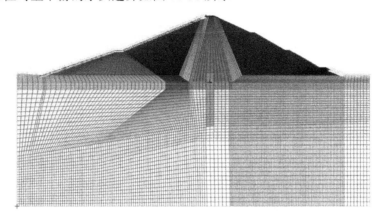

图 10-56　校核水位时上下游的水头边界

（19）"边界组"里输入"枯季上游水位"。

（20）选择坝体上游侧 545 m 高程以下的节点。

（21）"水头"输入"545"。

（22）点击"适用"。

（23）"边界组"里输入"枯季下游"。

（24）选择坝体下游坝脚处的节点。

（25）"水头"输入"477.5"。

（26）点击"确定"。

枯季水位最低时上下游的水头边界如图 10-57 所示。

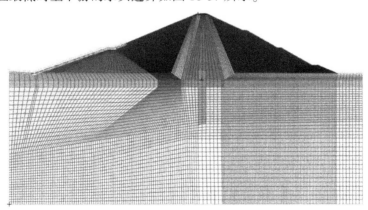

图 10-57　枯季水位最低时上下游的水头边界

10.3.4.9 定义荷载工况-自重

（1）主菜单里选择"模型>荷载>自重"。

（2）"荷载"组处输入"自重"。

（3）"自重系数"的 Z 处输入"-1"。

（4）点击"确定"。

10.3.4.10 定义荷载工况-水压力

（1）主菜单里选择"模型>荷载>压力荷载"。

（2）"荷载组"中输入"上游正常水位水压力"，"类型"中选择"线压力"，选择上游 575 m 高程以下坝体所有单元线，"方向"选择"法向"。

（3）点击"建立/修改函数"，"选择变量"指定为"Y"，Y 为 575 m 时水压为 0，Y 为 477 m 时水压为 97.5。

（4）点击"确定"。

（5）"p or p1"输入"1"，"基础函数"选择"正常水位上游水压力"。

（6）点击"适用"。

（7）"荷载组"中输入"正常水位下游水压力"，选择下游 493.8 m 高程以下坝体所有单元线。

（8）点击"建立/修改函数"，"选择变量"指定为"Y"，Y 为 493.8 m 时水压为 0，Y 为 477 m 时水压为 16.3。

（9）点击"确定"。

（10）"p or p1"输入"1"，"基础函数"选择"正常水位下游水压力"。

（11）点击"适用"。

正常蓄水位时上下游的水压力如图 10-58 所示。

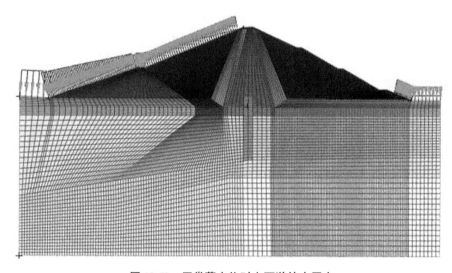

图 10-58 正常蓄水位时上下游的水压力

（12）"荷载组"中输入"上游校核水位水压力"，"类型"中选择"线压力"，选择上游 580.65 m 高程以下坝体所有单元线，"方向"选择"法向"。

（13）点击"建立/修改函数"，"选择变量"指定为"Y"，Y 为 580.65 m 时水压为 0，Y 为 477 m 时水压为 103.15。

（14）点击"确定"。

（15）"p or p1"输入"1"，"基础函数"选择"上游正常水位水压力"。

（16）点击"适用"。

（17）"荷载组"中输入"校核水位下游水压力"，选择下游 495.4 m 高程以下坝体所有单元线。

（18）点击"建立/修改函数"，"选择变量"指定为"Y"，Y 为 495.4 m 时水压为 0，Y 为 477 m 时水压为 17.9。

（19）点击"确定"。

（20）"p or p1"输入"1"，"基础函数"选择"校核水位下游水压力"。

（21）点击"适用"。

校核水位时上下游的水压力如图 10-59 所示。

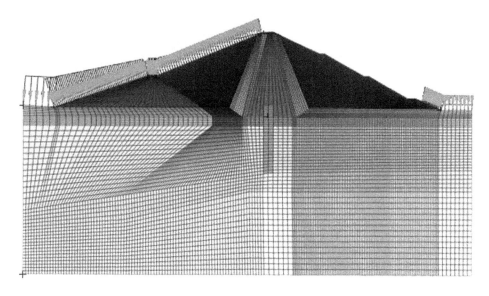

图 10-59　校核水位时上下游的水压力

（22）"荷载组"中输入"枯季上游水压力"，"类型"中选择"线压力"，选择上游 545 m 高程以下坝体所有单元线，"方向"选择"法向"。

（23）点击"建立/修改函数"，"选择变量"指定为"Y"，Y 为 545 m 时水压为 0，Y 为 477 m 时水压为 67.5。

（24）点击"确定"。

（25）"p or p1"输入"1"，"基础函数"选择"上游正常水位水压力"。

（26）点击"确定"。

枯季水位最低时上游水压力如图 10-60 所示。

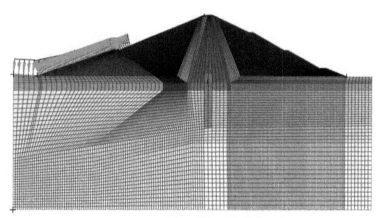

图 10-60　枯季水位最低时上游水压力

10.3.4.11　定义分析工况

（1）在主菜单里选择"分析>分析工况>添加"。

（2）"名称"处输入"正常水位渗流分析"，"分析类型"选择"稳定流"。

（3）将"组目录"下的"单元"拖到"激活"框里。

（4）在"组目录"下双击"边界"，将"上游正常水位"和"上游正常-下游最低"拖到"激活"框里。

（5）点击"适用"。

定义正常蓄水位时渗流分析工况如图 10-61 所示。

图 10-61　定义正常蓄水位时渗流分析工况

（6）"名称"处输入"校核水位渗流分析"，"分析类型"选择"稳定流"。

（7）将"组目录"下的"单元"拖到"激活"框里。

（8）在"组目录"下双击"边界"，将"上游正常水位"和"上游正常-下游最低"拖到"钝化"框里，将"上游校核水位"和"上游校核-下游水位"拖到"激活"框里。

(9)点击"适用"。如图 10-62 所示。

图 10-62　定义校核水位时渗流分析工况

(10)"名称"处输入"枯水位渗流","分析类型"选择"稳定流"。

(11)将"组目录"下的"单元"拖到"激活"框里。

(12)在"组目录"下双击"边界",将"上游正常水位""上游正常-下游最低""上游校核水位""上游校核-下游水位"拖到"钝化"框里,将"枯季上游水位"和"枯季下游"拖到"激活"框里。

(13)点击"适用"。

定义枯水位时渗流分析工况如图 10-63 所示。

图 10-63　定义枯水位时渗流分析工况

(14)"名称"处输入"正常水位应力分析","分析类型"选择"非线性静态"。

(15)将"组目录"下的"单元"拖到"激活"框里。

(16)在"组目录"下双击"边界",将"基岩侧边界""基岩底部边界""上游正常水位""上游正常-下游最低"拖到"激活"框里。

(17)在"组目录"下双击"荷载",将"自重""上游正常水位水压力"及"正常水位下游水压力"拖到"激活"框里。

(18)点击"适用"。

定义正常蓄水位时应力分析工况如图10-64所示。

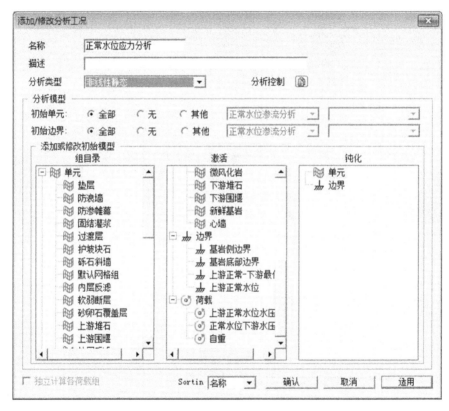

图10-64　定义正常蓄水位时应力分析工况

(19)"名称"处输入"校核水位应力分析","分析类型"选择"非线性静态"。

(20)将"组目录"下的"单元"拖到"激活"框里。

(21)在"组目录"下双击"边界",将"上游正常水位"和"上游正常-下游最低"拖到"钝化"框里,将"基岩侧边界""基岩底部边界""上游校核水位"、"上游校核-下游水位"拖到"激活"框里。

(22)在"组目录"下双击"荷载",将"自重""上游校核水位水压力"及"校核水位下游水压力"拖到"激活"框里。

(23)点击"适用"。

定义校核水位时应力分析工况如图10-65所示。

图 10-65　定义校核水位时应力分析工况

（24）"名称"处输入"枯季应力分析"，"分析类型"选择"非线性静态"。

（25）将"组目录"下的"单元"拖到"激活框"里。

（26）在"组目录"下双击"边界"，将"上游正常水位""上游正常-下游最低""上游校核水位""上游校核-下游水位"拖到"钝化"框里，将"枯季上游水位""枯季下游""基岩侧边界""基岩底部边界"拖到"激活"框里。

（27）在"组目录"下双击"荷载"，将"自重""枯季上游水压力"拖到"激活"框里。

（28）点击"确定"。

定义枯季时应力分析工况如图 10-66 所示。

图 10-66　定义枯季时应力分析工况

10.3.4.12 运行分析–渗流分析

（1）在主菜单里选择"分析>分析"。

（2）勾选"正常水位渗流分析""校核水位渗流分析"和"枯水位渗流分析"工况。

（3）点击"确定"。

计算分析如图 10-67 所示。

图 10-67 计算分析

10.3.4.13 查看渗流分析结果

（1）为了清晰地查看图形结果最好隐藏建模过程使用的所有信息：①工作目录树里选择"边界"，点击鼠标右键调出关联菜单，选择隐藏全部；②工作目录树里选择"荷载"，点击鼠标右键调出关联菜单，选择隐藏全部；③工作目录树里选择"几何"，点击鼠标右键调出关联菜单，选择隐藏全部；④不进行任何选择的状态下在工作窗口里点击鼠标右键调出关联菜单，选择隐藏基准与工作平面。

（2）工作目录树里选择"结果"表单，双击"CS"，"正常水位渗流分析>节点其他项>总水头"和"压力水头"。结果如图 10-68 和图 10-69 所示。

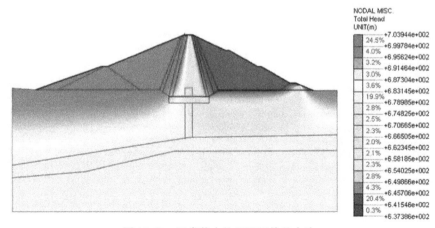

图 10-68 正常蓄水位工况下的总水头

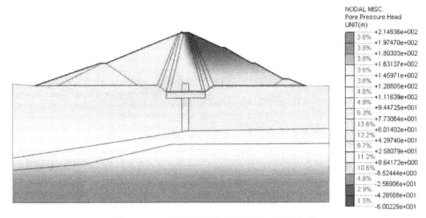

图 10-69　正常蓄水位工况下的压力水头

（3）工作目录树里选择"结果"表单，双击"CS"，"校核水位渗流分析>节点其他项">
"总水头"和"压力水头"。结果如图 10-70 和图 10-71 所示。

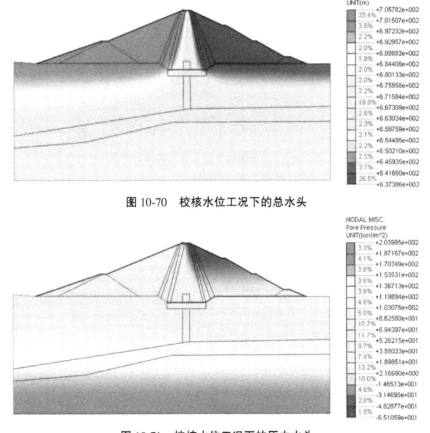

图 10-70　校核水位工况下的总水头

图 10-71　校核水位工况下的压力水头

（4）工作目录树里选择"结果"表单，双击"CS"，"枯水位渗流>节点其他项>总水头"
和"压力水头"，结果如图 10-72 和图 11-73 所示。

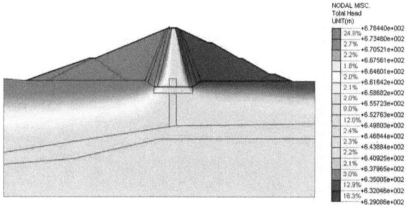

图 10-72　枯季最低水位工况下的总水头

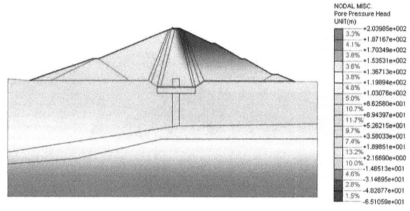

图 10-73　枯季最低水位工况下的压力水头

（5）在主菜单里选择"结果>渗流分析>流程"。

（6）在弹出的对话框的"分析组"里选择要查看工况,勾选"绘制等值线",选择想要绘制的等值线项目,然后在上游面选择"节点"。如图 10-74 和图 11-75 所示。

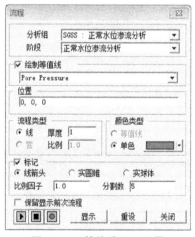

图 10-74　等值线显示设置

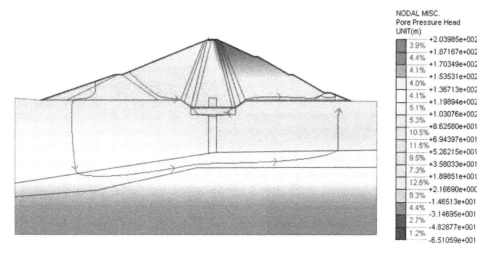

图 10-75　渗流分析时查看流程

10.3.4.14　运行分析-应力分析

（1）在主菜单里选择"分析>分析"。

（2）勾选"正常水位应力分析""校核水位应力分析"和"枯季应力分析"工况。

（3）点击"确定"。

计算分析如图 10-76 所示。

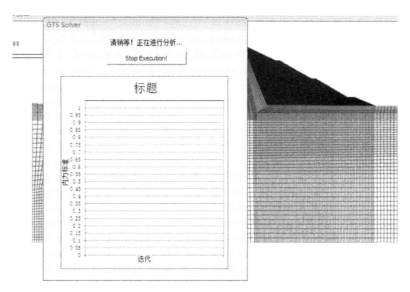

图 10-76　计算分析

10.3.4.15　查看应力分析结果

（1）工作目录树里选择"结果"表单,双击"CS","正常水位应力分析>位移>DX（V）"和"DY（V）"。

结果如图 10-77 和图 10-78 所示。

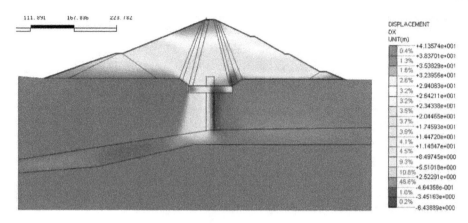

图 10-77　正常蓄水位工况下的水平位移

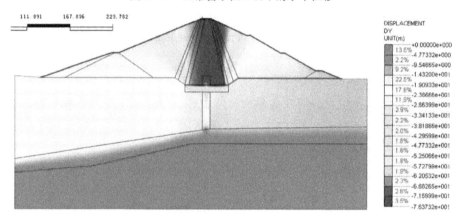

图 10-78　正常蓄水位工况下的竖直位移

（2）工作目录树里选择"结果"表单，双击"CS"，"校核水位应力分析>位移>DX（V）"和"DY（V）"。

结果如图 10-79 和图 10-80 所示。

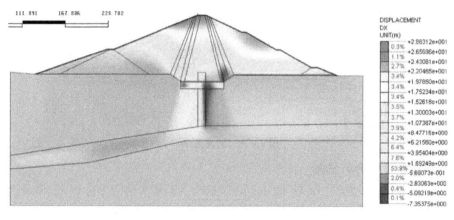

图 10-79　校核水位工况下的水平位移

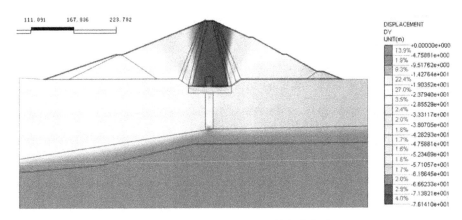

图 10-80　校核水位工况下的竖直位移

（3）工作目录树里选择"结果"表单，双击"CS"，"枯季应力分析>位移>DX（Ⅴ）"和"DY（Ⅴ）"。结果如图 10-81 和图 10-82 所示。

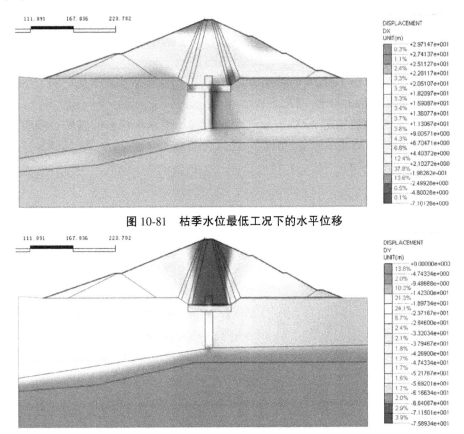

图 10-81　枯季水位最低工况下的水平位移

图 10-82　枯季水位最低工况下的竖直位移

10.3.4.16　修改材料属性

（1）打开 GTS，新建一个项目，"项目名称"输入"坝坡稳定性分析"。

（2）打开模型，按照材料考数表修改材料参数。

(3)新鲜基岩、防渗帷幕、固结灌浆和上下游护坡块石采用弹性本构,其余材料采用莫尔-库伦本构。

(4)"分析类型"选"边坡稳定分析(SRM)"。

(5)确认生成的 16 个属性。生成的 16 个属性如图 10-83 所示。

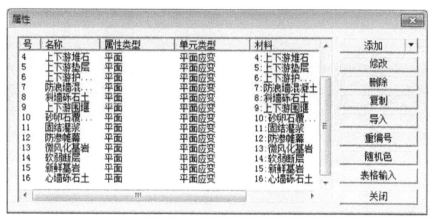

图 10-83　生成的 16 个属性

10.3.4.17　定义分析工况

(1)共定义 6 个分析工况,正常蓄水位时渗流分析、校核水位时渗流分析及枯季渗流分析,3 个工况同渗流应力分析一样。

(2)正常水位时边坡稳定、校核水位时边坡稳定及枯季水位最低时的边坡稳定分析工况的边界、荷载的激活情况同应力分析一样,"分析类型"为"边坡稳定(SRM)"。定义分析工况如图 10-84 所示。

图 10-84　定义分析工况

10.3.4.18　运行分析——坝坡稳定性分析

(1)在主菜单里选择"分析>分析"。

（2）勾选"正常水位渗流分析""校核水位渗流分析""枯季渗流分析""正常水位坝坡稳定性分析""校核水位坝坡稳定性分析"及"枯季坝坡稳定性分析"等6个工况。

（3）点击"确定"。运行分析如图10-85所示。

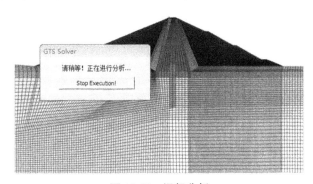

图10-85 运行分析

10.3.4.19 查看坝坡稳定性及应力分析结果

（1）工作目录树里选择"结果"表单,双击"CS","正常水位坝坡稳定性分析>位移>DX（V）"和"DY（V）"。结果如图10-86和图10-87所示。

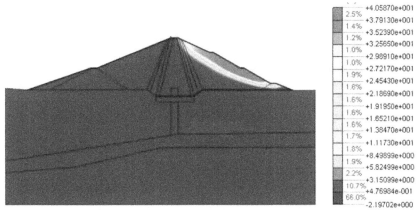

图10-86 正常蓄水位工况下的坝坡稳定性分析结果

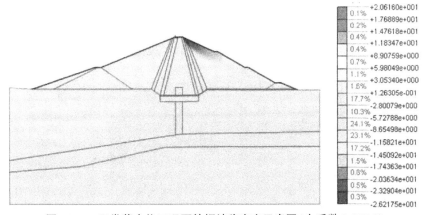

图10-87 正常蓄水位工况下的坝坡稳定安示意图（全系数2.087 5）

（2）工作目录树里选择"结果"表单，双击"CS"，"校核水位坝坡稳定性分析>位移>DX（V）"和"DY（V）"。结果如图 10-88 和图 10-89 所示。

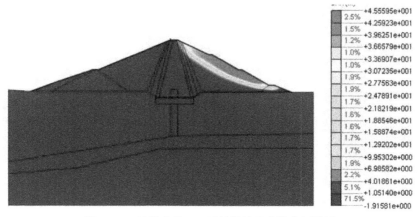

图 10-88　校核水位工况下的坝坡稳定性分析结果

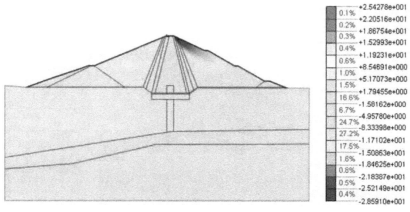

图 10-89　校核水位工况下的坝坡稳定示意图（安全系数 2.112 5）

（3）工作目录树里选择"结果"表单，双击"CS"，"枯季坝坡稳定性分析>位移>DX（V）"和"DY（V）"。结果如图 10-90 和图 10-91 所示。

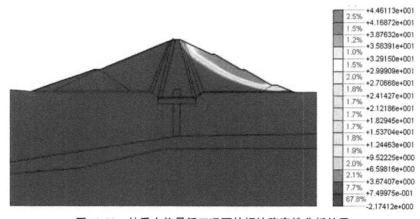

图 10-90　枯季水位最低工况下的坝坡稳定性分析结果

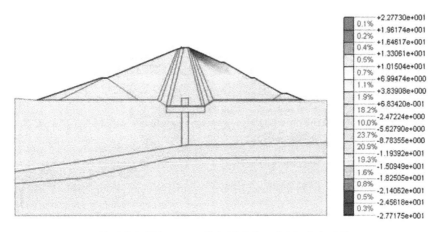

图 10-91　枯季水位最低工况下的坝坡稳定示意图(安全系数 2.087 5)

10.3.5　例子延伸

　　本次计算采用 MIDAS/GTS 对某砾石土心墙坝的坝体渗流应力与坝坡稳定性进行了分析,采用的是二维平面计算,如果考虑空间几何效应,可进行三维分析,计算步骤与上面所述求解步骤相同。有兴趣的读者可进行进一步的尝试。

11 隧洞及地下洞室计算

为达到各种不同的使用目的,受地形、水位和技术、资金条件等的限制,在山体或地面下修建的建筑物,统称为"地下工程"。在地下工程中,用以保持地下空间作为运输孔道,称之为"隧洞",在交通部门也称之为"隧道"。在水利工程特别是调水工程中,隧洞是重要的建筑物之一,其长度短则数百米,长则数千米,甚至几百千米,埋深在几米到几千米不等。

地下工程的设计理论和方法经历了一个相当长的发展过程。在20世纪20年代以前,地下工程支护理论主要有古典的压力理论和散体压力理论,以砖、石头材料作为衬砌,采用木支撑或竹支撑的分部开挖方法进行施工。此时,只是将衬砌作为受力结构,围岩是看作载荷作用在衬砌结构上,这种设计理论过于保守,设计出的衬砌厚度偏大。20世纪50年代以来,岩石力学开始成为一门独立的学科,围岩弹性、弹塑性和黏弹性解答逐步出现。土力学的发展促使松散地层围岩稳定和围岩压力理论的发展,而岩石力学的发展则促使围岩压力和地下工程支护结构理论的进一步飞跃。同时,锚杆和喷射混凝土作为初期支护得到广泛应用。这种柔性支护允许开挖后的围岩有一定的变形,使围岩能够发挥其稳定性,从而可以大大地减小衬砌厚度。

不同隧洞设计模型各有其适用的场合,也各有自身的局限性。由于隧洞结构设计受到各种复杂因素的影响,因此在世界各国隧洞设计中,主要采用以工程类比为主的经验设计法,特别是在支护结构预设计中应用最多。即使内力分析采用比较严格的理论,其计算结果往往也需要用经验类比加以判断和补充。如常见公路或铁路隧洞,都是选取以工程类比为主的经验设计法来进行结构参数的拟定,可见公路或铁路隧洞设计规范。但是,采用此法设计的隧洞结构可能是不安全的和不经济的。因为设计隧洞的地质勘探不可能做到对每一段都进行钻探,因而会出现地质条件错误判断现象,有可能实际围岩类别比设计采用的要低,这样按低类别围岩设计出的隧洞结构是不安全的。相反,若实际围岩类别比设计采用高,则采用的设计是不经济的。

理论计算法可用于进行无经验可循的新型隧洞工程设计,因此基于作用与反作用模型和连续介质模型的计算理论成为一种特定的计算手段日益为人们重视。由于隧洞工程所处环境的复杂性,以及各种隧洞设计模型各有优缺点,因此工程技术人员在设计隧洞结构时,往往需要同时进行多种设计模型的比较,以作出既经济又安全的合理设计。

围岩-结构共同作用模型是目前隧洞结构体系设计中力求采用的或正在发展的模型,因为它符合当前施工技术水平,采用快速和超强的支护技术可以限制围岩的变形,从而阻止围岩松动压力的产生。这种模型还可以考虑各种几何形状、围岩特性和支护材料的非线性特性、开挖面空间效应所形成的三维状态以及地质中不连续面等。利用此模型进行隧洞设计的关键问题是,如何确定围岩初始应力场和表示材料非线性特性的各种参数及其变化情况。一旦这些问题解决了,原则上任何场合都可用有限单元法求出围岩与支护结构的应力及位移状态。

通常,隧洞支护结构计算需要考虑地层和支护结构的共同作用,一般都是非线性的二维或三维问题,并且计算还与开挖方法、支护过程有关。对于这类复杂问题,必须采用数值方法。目前用于隧洞开挖、支护过程的数值方法有:有限元法、边界元法、有限元-边界元耦合法。

其中有限元法是一种发展最快的数值方法,已经成为分析隧洞及地下工程围岩稳定和支护结构强度计算的有力工具。有限元法可以考虑岩土介质的非均匀性、各向异性、非连续性以及几何非线性等,适用于各种实际的边界条件。但该法需要将整个结构系统离散化,进行相应的插值计算,导致数据量大,精度相对低。大型通用有限元软件 MIDAS/GTS 就可用于隧洞结构的数值计算,还可以实现隧洞开挖与支护以及连续开挖的模拟。

有限元-边界元耦合法则采用两种方法的长处,从而可取得良好的效果。如计算隧洞结构,对主要区域(隧洞周围区域)采用有限元法,对于隧洞外部区域可按均质、线弹性模拟,这样计算出来的结果精度一般较高。本章就是采用有限元方法进行隧洞的开挖、支护、衬砌等一系列计算,用以解决工程问题。

11.1 隧洞分阶段施工详细计算

11.1.1 模型概要

计算模型如图 11-1 所示。

例题计算模型尺寸长×宽×高为 100 m×45 m×61 m,岩土分为风化和软岩两种;隧道为三心圆马蹄形,特性参数如图 11-2 所示;锚杆为直径 25 mm 的砂浆锚杆,间排距为1.5 m×3 m。本例目的是讲解如何通过 MIDAS/GTS 软件对水利水电工程中建筑物隧洞分阶段施工进行模拟分析。

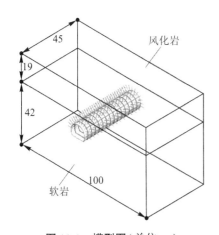

图 11-1　模型图(单位:m)

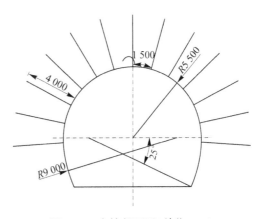

图 11-2　支护断面图(单位:mm)

11.1.2　设置分析条件

依次单击"分析>分析工况>设置"。项目设置如图 11-3 所示

设置模型类型、重力方向及初始参数,确认分析中使用的单位。单位制可在建模过程及确定分析结果时修改,输入的参数将被自动换算成设置的单位制。本例题是以 Z 轴为重力方向的三维模型,单位制使用 SI 单位(kN,m)。

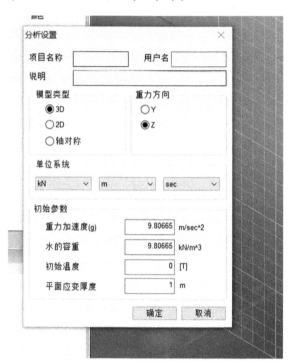

图 11-3　项目设置

11.1.3　定义材料及属性材料

11.1.3.1　定义岩体

土层材料的模型类型选择莫尔-库伦(Mohr-Coulomb),结构材料选择不考虑材料非线性的弹性(Elastic)模型。

各地层材料参数见表 11-1,并按图 11-4 定义岩体参数。

表 11-1　　　　　　　　　　　　　　　　　土层模型

名称	软岩	风化岩
材料	各向同性	各向同性
模型类型	莫尔-库伦	莫尔-库伦
弹性模量 E(MPa)	2.0E+06	5.0E+05
泊松比 ν	0.25	0.3

续表 11-1

名称	软岩	风化岩
容重 $\gamma(kN/m^3)$	25	23
K_0	1.0	0.7
容重(饱和)(kN/m^3)	25	23
初始孔隙比 e_0	0.5	0.5
排水参数	排水	排水
黏聚力(kPa)	200	20
摩擦角(°)	35	33

图 11-4　材料设置

11.1.3.2　定义结构材料

各材料参数见表 11-2,并按图 11-5 定义结构参数。

表 11-2 　　　　　　　　　　　　　**各材料参数**

名称	混凝土板	喷混	锚杆
材料	各向同性	各向同性	各向同性
模型类型	弹性	弹性	弹性
弹性模量 $E(kN/m^2)$	2.0E+07	1.5E+07	2.10E+08
泊松比 ν	0.2	0.2	0.3
容重 $\gamma(kN/m^3)$	25	24	78.5

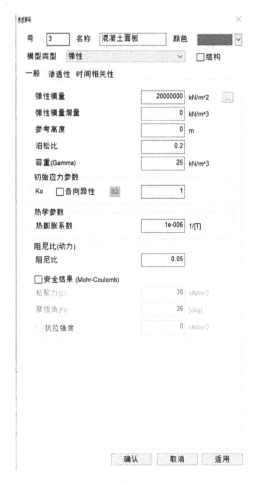

图 11-5　定义结构材料

11.1.3.3　定义属性

创建网格时,需要为各网格组指定、分配属性。定义岩土和结构的属性时,需要首先选择材料。此外,定义结构的属性时,还需要定义结构构件类型、截面形状等参数。

在三维模型计算中,一般使用板单元模拟连续的墙体和喷混,植入式桁架主要用于模拟三维模型中的土钉、锚杆、锚索等。植入式桁架单元只承受轴力,相较于桁架单元,差别在于其不需要与岩土单元节点耦合,但位置必须在岩土内部。

各岩土材料的属性见表 11-3,定义属性如图 11-6 所示。

表 11-3　　　　　　　　　　各岩土材料的属性

名称	软岩	风化岩	风化土
种类	3D	3D	3D
材料	软岩	风化岩	风化土

图 11-6　定义属性

各结构构件的属性见表 11-4。若定义了截面形状,则程序自动计算截面刚度。各种材料赋值如图 11-7 所示。

表 11-4　　　　　　　　　　　　各结构构件属性

名称	隧道喷混	锚杆
类型	2D	1D
模型类型	板	植入式桁架
材料	喷混	锚杆
间距	—	—
界面形状	—	实心圆形
界面厚度(m)	厚度 0.15	$D = 0.025$

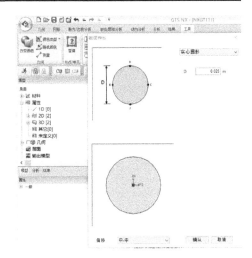

图 11-7　各种材料赋值

11.1.4　几何建模

在 GTS NX 中,使用的坐标系有整体坐标系(GCS)和工作平面坐标系(WCS)。

通常整体坐标系在屏幕右下方,坐标轴用红色(X 轴)、绿色(Y 轴)、蓝色(Z 轴)的箭头表示。工作平面坐标系,位于工作平面中心,与工作平面一起移动。如果工作平面改变,工作平面坐标系也会改变。

11.1.4.1　利用矩形建立岩土区域

依次单击选择"几何>顶点与曲线>矩形"。工作坐标系按钮如图 11-8 所示

图 11-8　工作坐标系按钮

(1)在视图工具条上点击法向视图。

(2)"开始"位置输入"-50,-30",按下【Enter】键。

(3)"对角"位置输入"100,61"后点击"确认"键。工作坐标系如图 11-9 所示。

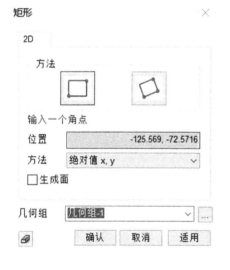
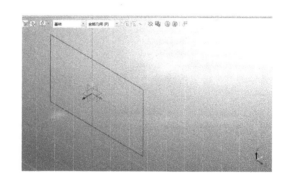

图 11-9　工作坐标系

11.1.4.2　生成隧道截面形状及锚杆

依次单击选择"几何>顶点与曲线>隧道"。

(1)在"隧道类型"选择"三心圆","截面类型"选择"完全"。

(2)在"$R1,A1,R2,A2$"分别输入"5.5、90、9、25"。

(3)勾选"包含锚杆",锚杆的数量及长度分别输入"13、4"。

(4)"锚杆的布置>弧长"中输入"1.5"。

(5)勾选"生成线组"后,几何组名称输入"隧道",点击"确认"。隧道断面如图 11-10 所示。

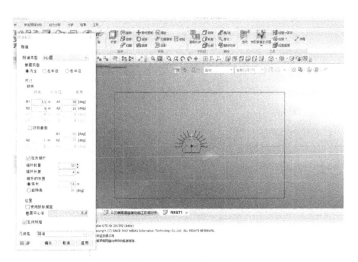

图 11-10　隧道断面

11.1.4.3　生成岩体和隧道岩体

依次单击选择"几何>延伸>扩展"。

（1）将生成的面和闭合线（线组）扩展生成实体,过滤器选择"线"。

（2）选择相应岩土的 4 条线。

（3）"方向"选择 Y 方向（绿色）"长度"输入"45"后勾选"生成实体"选项。

（4）"几何组名称"输入"岩土",点击"适用",用同样的方法,按 Y 轴方向拓展 45 m 长隧道,"创建名称"为"隧道"的实体。三维建模如图 11-11 所示。

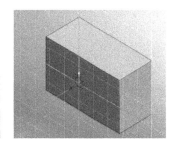

图 11-11　三维建模

11.1.4.4　布尔运算生成隧道

依次单击选择"几何>布尔运算>实体"。

（1）在左侧"工作目录树>几何组"上,勾选框上只勾选"显示实体"。

（2）选择"嵌入"选项,"目标形状"选择"岩土","辅助形状"选择"隧道",勾选"删除辅助形状"选项,点击"预览"。

（3）确认是否适当地嵌入了目标形状,点击"适用"。结果如图 11-12 所示。

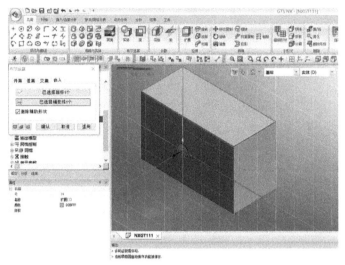

图 11-12　布尔运算生成隧洞

11.1.4.5　定义施工阶段,分割隧道

1.定义分割平面

依次单击选择"几何>顶点与曲线>形"

（1）双击左侧"工作目录树>工作平面>XZ(0,-1,0)"。

（2）在视图工具条上点击"法向视图",勾选"生成面"选项,几何组选择"隧道",生成略大于隧道截面的矩形面,点击"确认"。定义分割平面如图 11-13 所示。

图 11-13　定义分割平面

2.生成分割平面

依次单击选择"几何 > 转换 > 移动复制 "。

　　按主隧道开挖方向,移动/复制生成的面,输入主隧道开挖间距、重复次数,以便移动/复制开挖面。

　　(1)在视图工具条上点击"轴测图1视图"。

　　(2)选择"生成的面",方向选择"Y方向"。

　　(3)方法选择"复制(均匀)"后,距离输入"3",重复输入"14"。结果如图11-14所示。

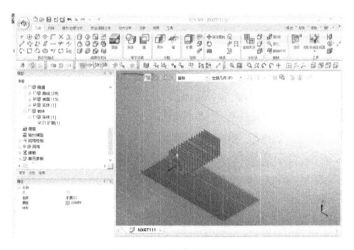

图 11-14　生成分割平面

3.生成施工隧道岩体

依次单击选择"形状>分割>实体"用开挖面分割隧道。

　　(1)"目标实体"选择"主隧道"实体。

　　(2)"过滤器"选择"面(A)"。

　　(3)勾选"分割相邻面","选择目标对象"选择相邻的"岩土"实体。

　　(4)点击"预览"键确认是否适当地分割了目标形状。

　　(5)"几何组"选择"隧道"后点击"确认"。结果如图11-15所示。

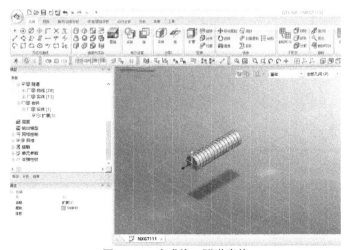

图 11-15　生成施工隧道岩体

11.1.4.6 定义岩层,分割岩体

1.定义分割平面

依次单击选择"几何>顶点与曲线>矩形"。

(1)在视图工具条上点击"法向视图"。

(2)勾选"生成面"选项。

(3)"几何组"选择"岩土"。

(4)生成略大于岩土截面的矩形面。

(5)点击"确认"。

2.生成分割平面

依次单击选择"几何 > 转换 > 移动复制"。

(1)把生成的截面形状按地层位置移动/复制。

(2)在"视图工具条"上点击"轴测图 1 视图"。

(3)选择生成的面,方向选择"Z 方向",方法选择"复制(非均匀)","距离"输入"−19"。

(4)"几何组"选择 "岩土"后点击"确认"。

3.按地层面分割岩土

依次单击选择"形状>分割>实体"。

(1)"目标实体"选择 "岩土"实体。

(2)"过滤器"选择"面(A)"。

(3)"辅助曲面"选择"生成的面"。

(4)点击"预览"键确认是否适当地分割了目标形状。

(5)几何组选择 "岩土"后点击"确认"。结果如图 11-16 所示。

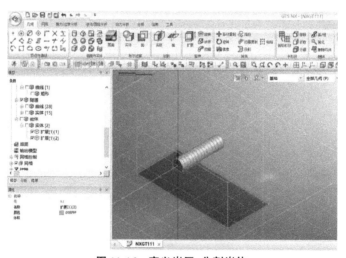

图 11-16　定义岩层,分割岩体

11.1.5　网格划分

11.1.5.1 岩体网格划分设置

依次单击选择"网格>控制>尺寸控制"。

（1）在视图工具条上点击"正面视图"。

（2）选择高度方向侧边和底部方向底边,方法选择"单元长度",单元长度输入"8"。岩体网格划分设置如图 11-17 所示。

图 11-17　岩体网格划分设置

11.1.5.2　创建隧道岩体网格

依次单击选择"网格>生成>三维"。

（1）在"视图工具条"上点击"正面视图"。

（2）在"选择工具条"上选择"框选"。

（3）选择"隧道区域实体",单元长度输入"2",属性选择"1:软岩",选择"混合网格(六面体为中心)","网格组"输入"隧道"后点击"确认"。创建隧洞岩体网格如图 11-18 所示。

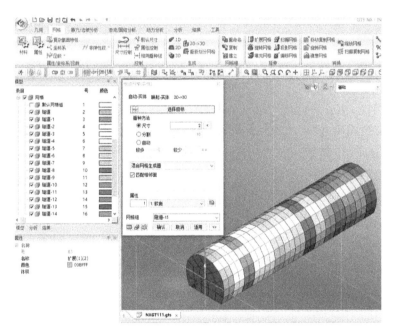

图 11-18　创建隧洞岩体网格

11.1.5.3　生成岩体网格

依次单击选择"网格>生成>三维"。

（1）在"视图工具条"上点击"轴测图"。

（2）在"选择工具条"上选择"拾取"。

（3）选择"隧道周围实体","单元长度"输入 5,"属性"选择"1:软岩",选择"混合网格(六面体为中心)","网格组"输入"岩土"后点击"适用"。

（4）选择"隧道上部岩体","单元长度"输入"5","属性"选择"2:风化岩","网格组"输入"岩土"后点击"确认"键。生成岩体网格如图 11-19 所示。

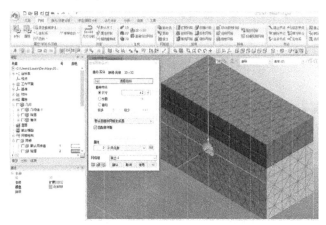

图 11-19　生成岩体网格

11.1.5.4　生成衬砌结构

依次单击选择"网格>单元>析取"。

(1)取消"勾选工作目录树>网格",设置在屏幕上不显示网格。

(2)在"工作目录树>几何"上,只勾选"隧道实体"并显示在屏幕上。

(3)在"视图工具条"上,点击"正面视图"。

(4)在"网格>生成>析取"上选择类型为"面"。

(5)勾选"忽略重复面"选项和"基于所属独立形状注册"选项。

(6)属性选择"4:喷混"。

(7)点击"确认"。

依次单击选择"网格>单元>删除",利用"删除单元"功能删除不使用的单元。

(1)在"工作目录树>几何形状"上,取消勾选"隧道实体",设置使其在屏幕上不显示。

(2)选择"不使用的单元"。

(3)点击"确认"。结果如图 11-20 所示。

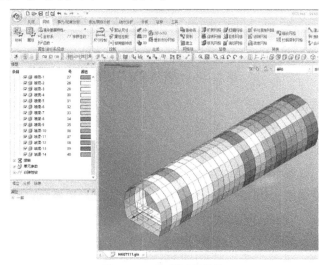

图 11-20　生成衬砌结构

11.1.5.5　生成隧道锚杆结构

依次单击选择"网格>生成>1D"。

（1）在"视图工具条"上点击"轴测图1视图"。

（2）选择"在左侧工作目录树>几何>隧道>线"中13个隧道锚杆线条。

（3）单元"尺寸"输入"2"。

（4）"确认属性号"上输入"5"。

（5）点击"预览"键,确认节点生成的位置。

（6）点击"确认"。结果如图11-21所示。

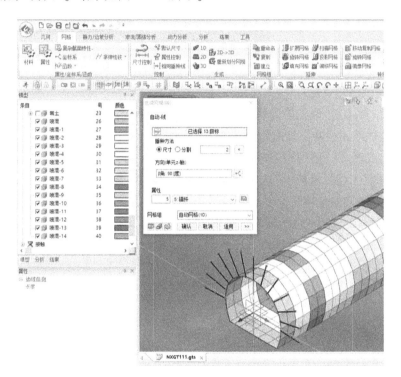

图11-21　生成隧道锚杆结构

11.1.5.6　生成隧道锚杆网格

依次单击选择"网格>转换>移动复制网格"。

将生成的隧道锚杆网格,沿主隧道开挖方向移动/复制。

（1）选择上一步生成的网格组(一维)。

（2）方向选择"Y方向"。

（3）"方法"选择"复制(非均匀)","距离"输入"1.5,14@3"。

（4）点击>>键,勾选"合并节点"、"各网格独立注册"。

（5）"网格组"名称输入"隧道锚杆"后,点击"确认"键。

（6）利用"删除"键,删除复制时使用的"网格组(一维)"。结果如图11-22所示。

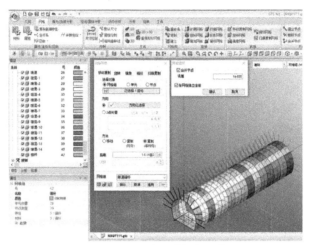

图 11-22　生成隧道锚杆网格

11.1.5.7　修改网格组名称

GTS NX 软件运用"施工阶段管理工程"可以很方便定义施工阶段,但须修改有关隧道岩体及其支护结构的网格组名称。

依次单击选择"网格>网格组>重命名"。

（1）在左侧"工作目录树上"选择所有"网格>网格组>隧道"。

（2）排列顺序选择整体正交坐标系。

（3）"输出标准"选择"升序排序",名称输入"隧道",后缀开始号码输入"1"。

（4）点击"适用"。修改网格组名称如图 11-23 所示。

同理,对锚杆、喷混进行重命名。

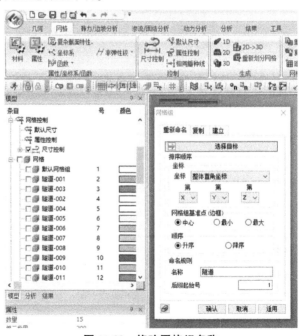

图 11-23　修改网格组名称

11.1.6 分析设置

11.1.6.1 定义荷载条件

依次单击选择"静力/边坡分析>荷载>自重"。

定义自重由岩土、结构构件的容重乘以设置的重力加速度后自动计算。软件可以输入基于方向的重力加速度比例因子并设置默认重力方向。

(1)"名称"输入"重力-1"、荷载组输入"自重"。

(2)"荷载成分在重力加速度方向 Gz"上输入"-1"。

(3)点击"适用"。定义荷载条件如图 11-24 所示。

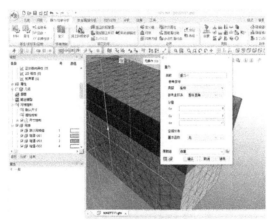

图 11-24　定义荷载条件

11.1.6.2 定义边界条件

依次单击选择"静力/边坡分析 > 边界>约束"。

(1)以整体坐标系为准,对模型左/右/下部位移以及旋转设置约束条件。

(2)在"自动"选项里,"名称"和"边界组名称"分别输入"约束条件-1""约束条件"。结果如图 11-25 所示。

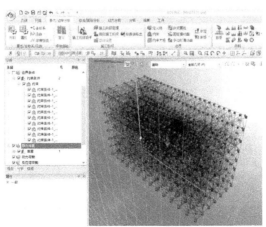

图 11-25　定义边界条件

11.1.6.3 定义施工阶段

依次单击选择"静力/边坡分析>施工阶段>施工阶段管理"。

施工阶段计算分析种类有应力分析、渗流分析、应力-渗流-边坡分析、固结分析、应力-渗流耦合分析。本例设定为应力分析。定义施工阶段如图 11-26 所示。

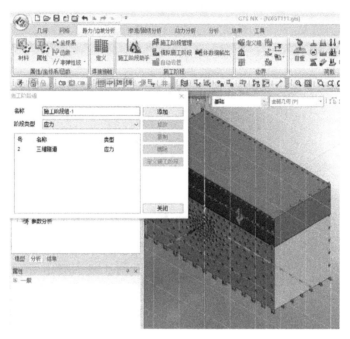

图 11-26　定义施工阶段

在 GTS NX 中,可通过施工阶段助手按照规律一次性对单元进行激活/钝化,可以轻松地定义施工阶段。

依次单击选择"静力/边坡分析>施工阶段>施工阶段助手"。

(1)"施工阶段组"上,确认选择了"三维隧道"。

(2)在"分配规则"上,点击第一个"组类型",选择"网格组"。

(3)点击"组名称前缀",选择"隧道-"。

(4)在"A/R"上选择"R"。

(5)"开始阶段"上输入"1","后缀增量"上输入"1"。

(6)在"分配规则"上点击第二个"组类型",选择"网格组"。

(7)点击"组名称前缀",选择"喷混-"。

(8)在"A/R"上选择"A"。

(9)"开始阶段"上输入"2","后缀增量"上输入"1"。

(10)在"分配规则"上点击第三个"组类型",选择"网格组"。

(11)点击"组名称前缀",选择"锚杆-"。

(12)在"A/R"上选择"A"。

(13)"开始阶段"上输入"2","后缀增量"上输入"1"。

（14）点击"应用分配规则"。

（15）按住【Ctrl】选择"岩土-、隧道-、约束条件、自重"。

（16）拖拽所选的项目并移动到"单元、边界、荷载激活状态的I.S.栏上"。施工阶段表格如图11-27所示。

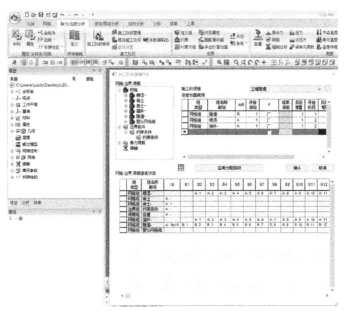

图11-27　施工阶段表格

11.1.6.4　查看修改施工阶段

依次单击选择"静力/边坡分析>施工阶段>施工阶段管理"。

（1）点击"阶段号"选择"1：I.S."。

（2）勾选"位移清零"。

（3）点击"保存"后，点击"关闭"。结果如图11-28所示。

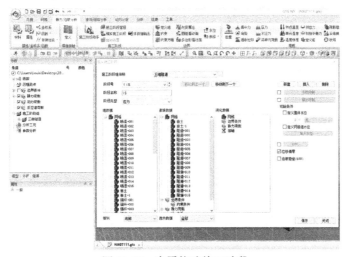

图11-28　查看修改施工阶段

11.1.6.5 设置分析工况

依次单击选择"分析>分析工况>新建"。

(1)"名称"设置为"三维隧道施工阶段"。

(2)"分析种类"设置为"施工阶段",施工阶段组设置为"三维隧道"。

(3)在"控制分析>一般"上,勾选"初始阶段应力分析",选择"1:I.S"。如图 11-29 所示。

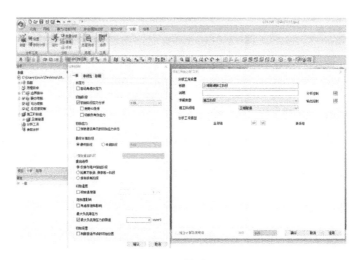

图 11-29　设置分析工况

11.1.6.6 执行分析

依次单击选择"分析>分析>运行"执行分析。

完成分析后自动转换成后处理模式(查看结果)。执行分析如图 11-30 所示。

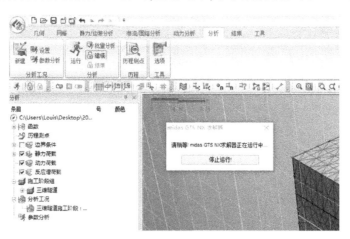

图 11-30　执行分析

11.1.7　分析结果

计算完成后,可以在结果目录树上按各施工阶段查看变形、应力、内力等。所有结果按等值线、云图、表格、图形等输出。在本案中需要分析的主要结果如下：

(1)隧道的位移-拱顶位移、隧道截面收缩。

(2)查看岩体的最大主应力值(云图、矢量)。

(3)查看喷混应力及锚杆应力。

(4)查看剪切面结果。

11.1.7.1 位移云图

可通过左侧结果目录树中 Displacement 确定位移,T1、T2、T3 分别为整体坐标系下岩体的 X、Y、Z 方向的位移。在本模型中重力方向为 Z 方向,隧道的竖向位移可通过 T3 TRANSLATION 来查看, 隧道的内力位移可用 T1 TRANSLATION、T2 TRANSLATION 查看。GTS NX 软件可同时显示位移、主应力云图/矢量图。

(1)在"工作目录树>结果>三维隧道施工阶段",指定查看结果的阶段(S16),依次选择"Displacement>T3 TRANSLATION(V)"。

(2)在视图工具条上,选择正面视图并查看相应位置结果。位移云图如图 11-31 所示。

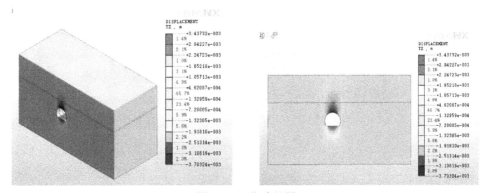

图 11-31　位移云图

(3)依次选择"结果>高级>结果"标记,选择要查看的节点并确定其结果值。在结果表单上也可以查看最大值、最小值、最大绝对值的位置。标志位移数值如图 11-32 所示。

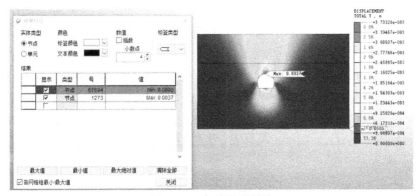

图 11-32　标志位移数值

11.1.7.2 应力云图及矢量图

岩土发生的应力,可以用"结果目录树"的"Solid Stresses"确认。S-XX,S-YY,S-ZZ 分别指各方向的应力,最大主应力为 S-PRINCIPAL A(V),最小主应力为 S-PRICIPAL C(V)。

1.应力云图

在"工作目录树>结果>三维隧道施工阶段",指定确认结果的阶段(S16)后,选择 "Solid Stresses > S-PRINCIPAL A(V)"和"S-PRINCIPAL C(V)"来确认最大主应力和最小主应力。结果如图 11-33 所示。

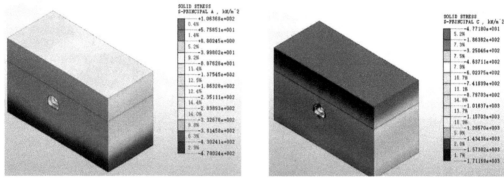

图 11-33　应力云图

2.应力矢量图

依次单击选择"选择结果>一般>云图>矢量"。在左侧下端的属性窗口,勾选矢量的 "仅自由面"选项后点击适用键。结果如图 11-34 所示。

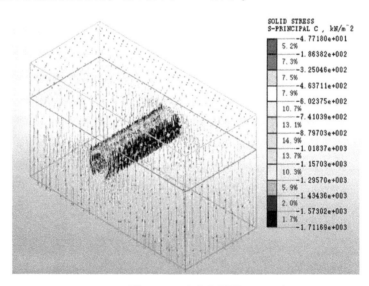

图 11-34　应力矢量图

11.1.7.3　结构应力

1.喷混凝土应力图

喷混凝土结构为板单元,软件将输出板的 TOP,MID,BOTTOM 部分对应的结果。

在左侧"工作目录树>结果>三维连接隧道",指定查看结果阶段(S16),可选择"Shell Element Stresses > S-XX TOP"和"S-XX BOT",结果显示如图 11-35 所示。

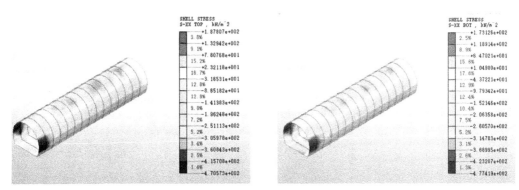

图 11-35 喷混凝土应力图

2.锚杆轴力图

在左侧"工作目录树>结果>三维隧道施工阶段",指定查看结果阶段(S16),选择"Truss Element Forces > AXIAL FORCE",结果显示如图 11-36 所示。

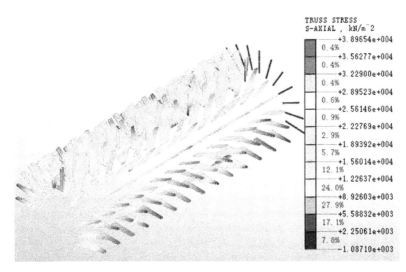

图 11-36 锚杆轴力图

11.1.7.4 切面查看

针对三维计算模型,GTS NX 可设定相关切面,查看模型内部切面特定节点上计算结果。

(1)按分析结果>其他>初始化,还原为初始设置的状态。

(2)在左侧"工作目录树>结果>三维隧道施工阶段",指定查看结果阶段(S16),选择"Displacement> TOTAL TRANSLATION(V)"。

(3)在添加视图操作工具栏上,选择显示剪切模型。在定义剪切面上,平面方向输入"X"、距离输入"0 m"后,点击"添加"键生成 1 切面。

(4)"平面方向"指定为"Y"后勾选"反方向",用平面 2 再生成一个剪切面。

(5)"面组合"选择"并集",结果显示如图 11-37 所示。

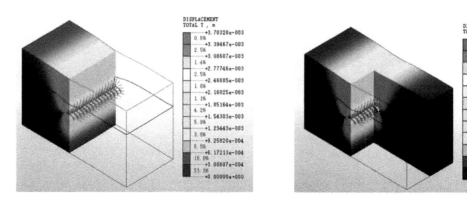

图 11-37　切面查看

11.2　地铁施工阶段分析

建立由竖井、连接通道、主隧道组成的城市隧道模型后运行分析。在此 GTS 里利用 4 节点 4 面体单元直接建模。

11.2.1　工程概况

模型如图 11-38 所示,此模型是在由多个地层组成的地形里有竖井和主隧道以及连接这两部分的连接通道。由于它是左右对称的模型,所以只建立整体模型的一半,将其适当的分割后进行施工阶段分析。其单元划分如图 11-39 所示。

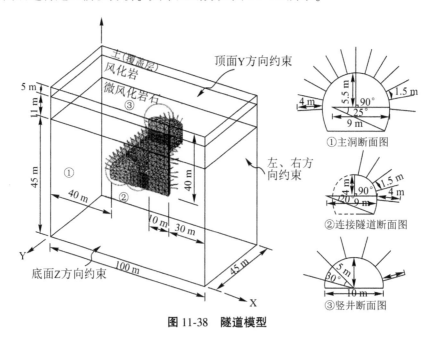

图 11-38　隧道模型

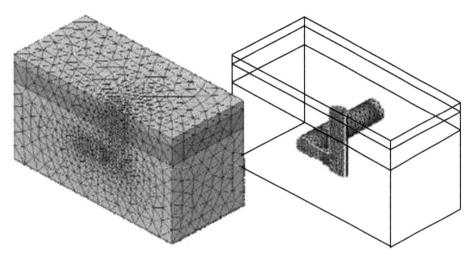

图 11-39 单元划分

　　材料不同的部分以及需要按阶段来施工的部分都捆绑成网格组,便于管理。网格组
的名称如图 11-40 所示。此例子里竖井定义 6 个施工阶段,连接通道定义 3 个施工阶段,
主隧道定义 15 个施工阶段。在开挖后的阶段生成锚杆(Rock Bolt)及喷射混凝
土(Shotcrete)。

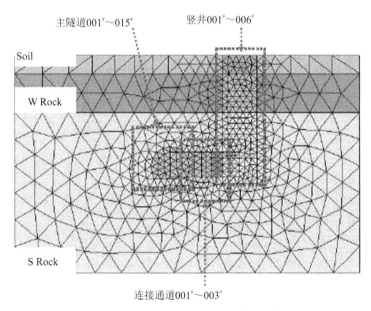

图 11-40　生成连接通道 $001^{\#} \sim 003^{\#}$

　　此模型里存在的结构体有锚杆(Rock Bolt)、喷射混凝土(Shotcrete)、混凝土面板
(Concrete Panel)等。其中只在竖井的开始部分第二阶段的施工阶段里设置混凝土面板,
其他的部分都设置喷射混凝土和锚杆。

　　模型使用的各属性(Attribute)的网格组见表 11-5。

表 11-5 模型使用的网格组

材料属性(ID)	类型	材料量(ID)	属性(ID)	网格名
微风化岩(1)	实体	Mat S Rock(1)	—	S Rock 竖井 004#,005# 主隧道连接通道
强风化岩石(2)	实体	Mat W Rock(2)	—	W Rock 竖井 003#,004#
土料(3)	实体	Mat Soil(3)	—	Soil 竖井 006#
砂砾石(4)	平面	Mat C/P(4)	Prop C/P(1)	竖井 SC005#,006#
主/连接衬砌(5)	平面	Mat S/C(5)	Prop 主/连接 S/C(2)	连接通道 SC 主隧道 SC
竖井喷射混凝土(6)	平面	Mat S/C(5)	Prop 竖#S/C(3)	竖井 SC001#,002#,003#,004#
基岩(7)	线	Mat R/B(6)	Prop R/B(4)	竖井 RB 连接通道 RB 主隧道 RB

岩土材料(Ground)的特性值见表 11-6。

表 11-6 岩土材料(微风化岩)的特性值表

ID	1	2	3
名称	微风化岩	强风化岩石	土料
类型	MC	MC	MC
弹性模量 E	200 000	50 000	5 000
泊松比 ν	0.25	0.3	0.3
容量 γ	2.5	2.3	1.8
容重(饱合)	2.5	2.3	1.8
黏聚力	20	2.0	2.0
内摩擦角(°)	35	33	30
抗拉强度	20	2.0	2.0
初始应力参数 K	1.0	0.7	0.5

锚杆和喷射混凝土里使用的结构材料(Structure)的特性值见表 11-7。

表 11-7 锚杆和喷射混凝土里使用的结构材料(Structure)的特性值

Material ID	名称	弹性模量 E	泊松比 ν
4	Mat C/P	2 000 000	0.2
5	Mat S/C	1 500 000	0.2
6	Mat R/B	20 000 000	0.3

锚杆和喷射混凝土的截面特性见表 11-8。

表 11-8　　　　　　　　　　　　锚杆和喷射混凝土的截面特性

材料量	类型	名称	截面	几何形状	
1	平面	C/P	—	TH	0.3
2	平面	主/连接 S/C	—	TH	0.15
3	平面	竖井 S/C	—	TH	0.2
4	桁架/嵌入桁架	R/B	土质地基	D	0.025

11.2.2　GTS 操作方法

11.2.2.1　运行程序

（1）运行 GTS 程序。

（2）点击"▢ File>New"建立新项目。

（3）弹出"Project Setting"对话框。

（4）"Project Title"里输入"高级例题 1"。

（5）其他的项直接使用程序的默认值。

（6）点击 ▭ 。

（7）主菜单里选择"View>Display Option…"。

（8）"General"表单的"Mesh>Node Display"指定为"False"。

（9）点击 ▭ 。

11.2.2.2　生成分析数据

1.生成属性

（1）先生成"Soft Rock Attribute"。这里先生成"Mat S Rock Material"后再使用。

①主菜单里选择"Model>Property>Attribute…"。

②"Attribute"对话框里点击 ▭ 按钮右侧的▾选择"Solid"。

③确认"Add/Modify Solid Attribute"对话框里 ID 处输入"1"。

④"Name"里输入"Soft Rock"。

⑤确认"Element Type"指定为"Solid"。

⑥为生成材料点击"Material"右侧的 ▭。

⑦"Add/Modify Ground Material"对话框里确认 ID 处输入"1"。

⑧"Name"里输入"Mat S Rock"。

⑨"Model Type"指定为"Mohr Coulomb"。

⑩"Material Parameters"的"Modulus of Elasticity（E）"输入"200 000"。

⑪"Material Parameters"的"Poisson"s""Ratio（ν）"处输"0.25"。

⑫"Material Parameters"的"Unit Weight（γ）"处输入"2.5"。

⑬"Material Parameters"的"Unit Weight（Saturated）"处输入"2.5"。

⑭"Material Parameters"的"Cohesion（C）"处输入"20"。

⑮"Material Parameters"的"Friction Angle（φ）"处输入"35"。

⑯"Material Parameters"的"Initial Stress Parameters"处以 K_0 输入"1.0"。

⑰"Constitutive Mode"里"Parameters"的"Tensile Strength"处输入"20"。

⑱确认"Drainage Parameters"指定为"Drained"。

⑲点击 OK 。

生成属性如图 11-41 所示。

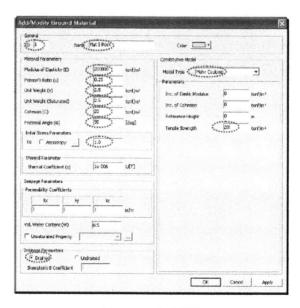

图 11-41　生成属性

⑳"Add/Modify Solid Attribute"对话框里确认"Material"指定为"Mat S Rock"。

㉑点击 Apply 。

添加材料名称如图 11-42 所示。

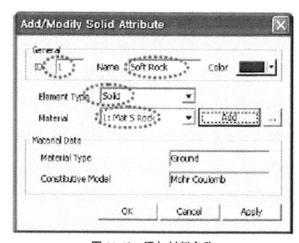

图 11-42　添加材料名称

（2）生成"Weathered Rock Attribute"。这里先生成"Mat W Rock Material"后再使用。

㉒"Add/Modify Solid Attribute"对话框里确认 ID 处指定为"2"。

㉓参考图 11-43 和图 11-44 重复步骤④到㉑的过程生成"Weathered Rock"属性。

"Add Modify Solid Attribute"对话框里指定为"Mat W Rock"。如图 11-43 和图 11-44 所示。

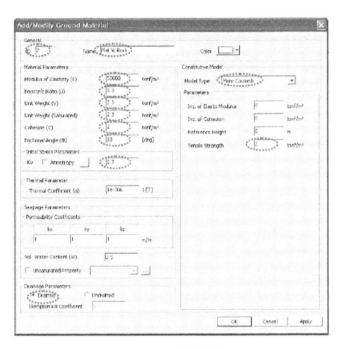

图 11-43   材料属性

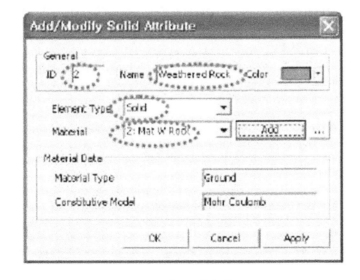

图 11-44   第二种材料定义

（3）生成"Soil Attribute"。这里先生成"Mat Soil Material"后再使用。

㉔"Add/Modify Solid Attribute"对话框里确认 ID 处指定为"3"。

㉕参考图 11-45 和图 11-46 重复步骤④到㉑的过程生成"Soil"属性。

"Add Modify Solid Attribute"对话框里指定为"Mat Soil"。如图 11-45 和图 11-46 所示。

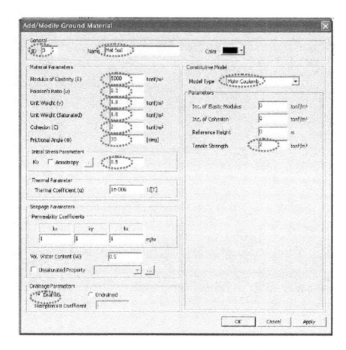

图 11-45　材料属性添加 2

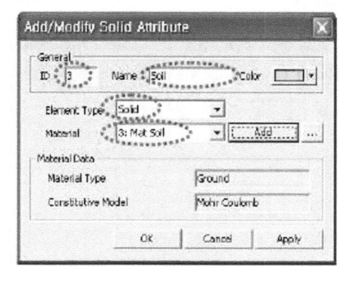

图 11-46　第三种材料定义

2.生成有关喷射混凝土、锚杆及混凝土面板的属性

(1)首先生成混凝土面板属性。

这里先生成"Mat C/P Material"和"Prop C/P Property"后再使用。

①"Attribute"对话框里点击 [Add ▼] 按钮右侧的 ▼。

②选择"Plane"。

③"Add/Modify Plane Attribute"对话框里确认 ID 处指定为"4"。

④"Name"处输入"Conc Panel"。

⑤确认"Element Type"处指定为"Plate"。

⑥为生成喷射混凝土的材料点击 Material 右侧的 [Add]。

⑦"Add/Modify Structure Material"对话框里确认 ID 处输入"4"。

⑧"Add/Modify Structure Material"对话框里 Name 处输入"Mat C/P"。

⑨"Modulus of Elasticity(E)"里输入"2 000 000"。

⑩"Poission's Ratio(ν)"里输入"0.2"。

⑪点击 [OK]。

喷射混凝土材料属性如图 11-47 所示。

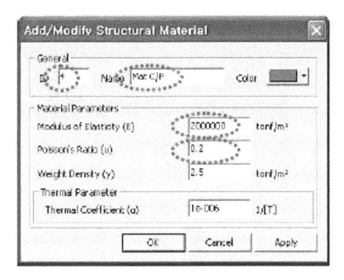

图 11-47　喷射混凝土材料属性

⑫"Add/Modify Plane Attribute"对话框里确认 Material 处指定为"Mat C/P"。

⑬点击"Property"右侧的 [Add]。

⑭"Add/Modify Propetrty"对话框里确认 ID 处输入"1"。

⑮"Add/Modify Property"对话框里 Name 处输入"Prop C/P"。

⑯确认"Type"指定为"Thickness"。

⑰"Thickness"处输入"0.3"。

⑱点击 [OK]。

喷射混凝土厚度如图 11-48 所示。

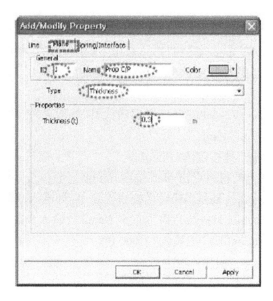

图 11-48　喷射混凝土厚度

⑲"Add/Modify Plane Attribute"对话框里确认"Property"处指定为"Prop C/P"。

⑳点击 Apply 。

设置接触方式如图 11-49 所示。

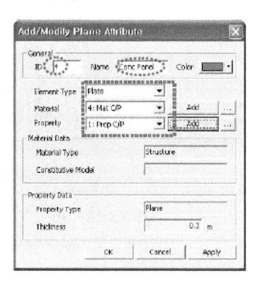

图 11-49　设置接触方式

（2）生成"主/连接 Shotcrete Attribute"。这里先生成"Mat S/C Material"和"Prop 主/连接 S/C Property"后使用。

㉑"Add/Modify Plane Attribute"对话框里确认 ID 处输入"5"。

㉒Name 里输入"主/连接 Shotcrete"。

㉓确认"Element Type"指定为"Plate"。

㉔参考图 11-50 重复步骤⑥到⑪的过程生成"Mat S/C"。

㉕参考图 11-51 重复步骤⑬到⑱的过程生成"Prop 主/连接 S/C"。

㉖"Add/Modify Plane Attribute"对话框里"Material"处指定为"Mat S/C"。

㉗"Add/Modify Plane Attribute"对话框里"Property"处指定为"Prop 主/连接 S/C"。

㉘点击  。

结果如图 11-50~图 11-52 所示。

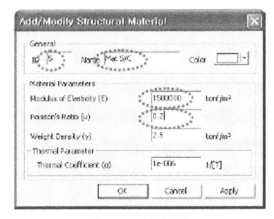

图 11-50　材料属性

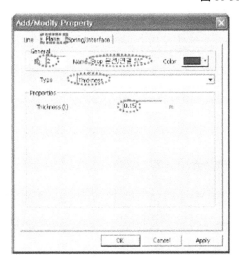

图 11-51　设置厚度

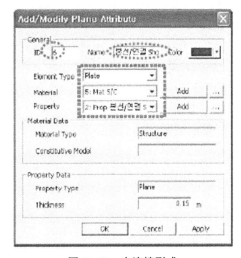

图 11-52　主连接形式

（3）生成竖井"Shotcrete Attribute"。这里使用上面已经生成的"Mat S/C Material",然后生成"Prop 竖井 S/C Property"后使用。

㉙"Add/Modify Plane Attribute"对话框里确认 ID 处输入"6"。

㉚"Name"里输入"竖井 Shotcrete"。

㉛确认"Element Type"处指定为"Plate"。

㉜参考图重复步骤⑬到⑱的过程生成"Prop 竖井 S/C"。

㉝"Add/Modify Plane Attribute"对话框确认 Material 处指定为"Mat S/C"。

㉞"Add/Modify Plane Attribute"对话框里 Property 指定为"Prop 竖井 S/C"。

㉟点击 OK 。

结果如图 11-53 和图 11-54 所示。

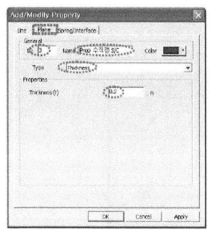

图 11-53　竖井混凝土

图 11-54　连接方式

（4）生成"Rock Bolt Attribute"。这里先生成"Mat R/B Material"和"Prop R/B Property"后再使用。

㊱"Attribute"对话框里点击 Add 按钮右侧的▼。

㊲选择"Line"。

㊳"Add/Modify Line Attribute"对话框里确认 ID 处指定为"7"。

㊴Name 里输入"Rock Bolt"。

㊵"Element Type"指定为"Embeded Truss"。

㊶参考图重复步骤⑥到⑪的过程生成"Mar R/B"。

材料属如图 11-55 所示。

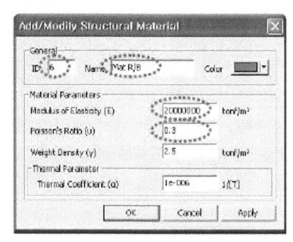

图 11-55　材料属性

㊷为生成锚杆的特性点击"Property"右侧的 Add ▼ 。

㊸"Add/Modify Property"对话框里确认 ID 处输入"4"。

㊹Name 处输入"Prop R/B"。

㊺确认"Type"指定为"Truss/Embedded Truss"。

㊻勾选对话框下端的"Section Library"。

㊼点击 Sectional Library... 。

㊽"Section Library"对话框里指定为"Solid Round"。

㊾D 处输入"0.025"。

㊿确认"offsef"指定为"Center-Center"。

51○"Section Library"对话框里点击 OK 。

52○"Add/Modify Property"对话框里确认自动输入"Cross Sectional Area"。

53○"Add/Modify Property"对话框里点击 OK 。

结果如图 11-56 和图 11-57 所示。

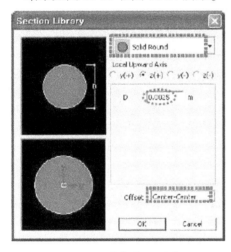

图 11-56 锚杆断面型式

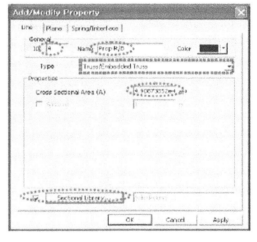

图 11-57 锚杆性质

54○" Add/Modify Line Attribute"对话框里 Material 处指定为"Mat R/B"。

55○" Add/Modify Line Attribute"对话框里确认 Property 处指定为"Prop R/B"。

56○点击 OK

57○"Attribute"对话框里确认生成"锚杆" Attribute。

58○点击 Close

结果如图 11-58 和图 11-59 所示。

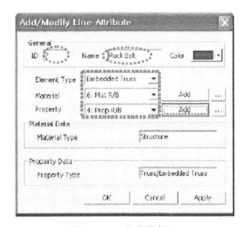

图 11-58 生成锚杆

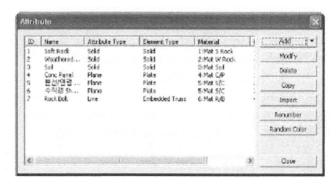

图 11-59　列表显示单元

11.2.2.3　建立模型和生成网格

1.创建几何模型

(1)生成代表整个岩土的矩形和隧道的截面形状。首先生成矩形线组(Wire)。

①视图工具条里点击⊞ Normal。

②主菜单里选择"Geometry>Curve>Create on WP>Rectangle (Wire)…"。

③"Rectangle"对话框里将方法(Method)指定为输入矩形两个对角顶点的☐。

④"Rectangle"对话框里确认 Input One Corner 信息。

⑤"Location"处输入"-45,-30"后按回车。

⑥"Rectangle"对话框里确认 Input Diagonally Opposite Corner 信息。

⑦"Location"处输入"100,61"后按回车。

⑧点击 Cancel 。

⑨视图工具条里点击 Zoom All。

生成主隧道的截面形状。

⑩主菜单里选择"Geometry>Curve>Create on WP>Tunnel(Wire)…"。

⑪确认"Tunnel Type"指定为"3 Center Circle"。

⑫确认"Section Type"指定为"Full"。

⑬"R1"处输入"5.5"。

⑭"A1"处输入"90"。

⑮"R2"处输入"9"。

⑯"A2"处输入"25"。

⑰勾选"Include Rock Bolts"。

⑱"Number of Rock Bolts"处输入"13"。

⑲确认"Length of Rock Bolt"处输入"4"。

⑳"Arrangement"的"Tangential Pitch"处输入"1.5"。

㉑确认"Location"的"Section Center"处输入"0.0,0.0"。

㉒确认勾选"Make Wire"。

㉓点击预览按钮查看生成的隧道形状和锚杆。

㉔ 点击 OK 。

为了使形状下边的面位于同一个平面上，将生成的隧道形状移动到原点。此时岩土形状也和隧道形状一样进行移动。

㉕主菜单里选择"Geometry>Transform>Translate…"。

㉖确认选中"Direction & Distance Tab"。

㉗ Select Object Shape(s) 状态下选择工具条里点击 Displayed，选择全部形状。

㉘"Direction"指定为"2 Point Vector"。

㉙参考图 11-60 点击 A 点。在第一个"输入坐标"的窗口里输入 A 点的坐标。

㉚第二个"输入坐标"的窗口里输入"0,0,0"。

㉛确认指定为"Move"。

㉜点击"Distance"右侧的 < 。

㉝指定的两节点之间的距离自动输入到"Distance"里。

㉞点击 预览按钮确认正确移动的形状。

㉟点击 OK 。

为了避免在生成隧道形状的过程中产生误差，在任意位置生成隧道形状后将其移动到原点。

创建几何模型如图 11-60 所示。

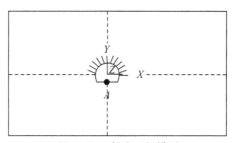

图 11-60　创建几何模型

为了有效管理锚杆，生成"Geometry Set"后将主隧道的锚杆注册到里面。

㊱选择"工作目录树"的"Geometry>Geometry Set"后在关联菜单里选择"New Geometry Set"。

当生成"Geometry set"来管理锚杆较麻烦时，在整个建模都结束后利用 Tunnel 对话框来做锚杆。

㊲Name 处删除"New Geometry Set"后输入"主 R/B"按回车键。

㊳选择工作目录树的"Geometry>Geometry Set">"主 R/B"后在关联菜单里选择"Geometry Set>Incl./Excl. Items"。只有点击右键才能调出关联菜单。

㊴动态视图工具条里点击 Zoom Window 后放大显示隧道的周边。

㊵ Select Shapes 状态下参考图 11-61 拖动模型窗口只选择锚杆部分的形状。当"Include Intersected"按钮未"Toggle On"时只能选择完全包含在"Drag window”里的对象。

㊶点击[OK]。

锚杆组如图11-61所示。

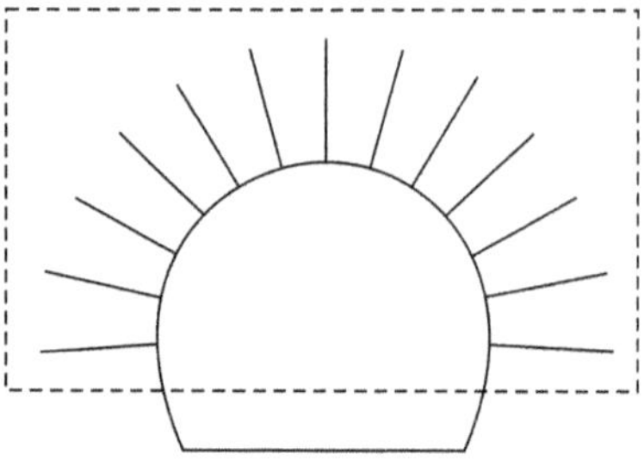

图 11-61 锚杆组

㊷选择工作目录树的“Geometry>Geometry Set”>“主 RB”后在关联菜单里选择“Hide”.

㊸选择工作目录树的“Geometry>Curve”里未隐藏(Hide)的“Tunnel Section”。

㊹按键盘的“F2”键后将名称换为“主隧道 Section”。

㊺选择工作目录树的“Geometry>Curve”后在关联菜单里选择“Hide All”。

生成连接通道的形状。

㊻视图工具条里点击 Isometric。

㊼工作目录树里双击“Work Plane”>“YZ(1,0,0)”。

为了便利地移动工作面(Work Plane),在GTS里提供了7个事先指定的工作面的位置。用户在“Moe Work Plane”对话框里保存工作面之后可以便利地应用在建模过程中。

基本上生成的工作面名称的规律如下:

YZ(1,0,0)

WCS X轴=GCS Y轴

WCS Y轴= GCS Z轴

WCS Z轴≤GCS(1.0.0)方向

㊽视图工具条里点击 Normal。

㊾主菜单里选择“Geometry>Curve>Create on WP>Tunnel (Wire)...”。

㊿确认“Tunnel Type”指定为“3 Center Circle”。

(51)确认“Section Type”指定为“Full”。

(52)“R1”处输入“4”。

(53)“A1”处输入“90”。

(54)“R2”处输入“9”。

(55)“A2”处输入“20”。

(56)勾选“Include Rock Bolts”。

(57)“Number of Rock Bolts”处输入“10”。

(58)确认“Length of Rock Bolt”处输入“4”。

(59)“Arrangement 的 Tangential Pitch”处输入“1.5”。

⑥确认"Location"的"Section Center"处输入"0.0,0.0"。

⑥确认勾选"Make Wire"。

⑥点击 ▣ 预览按钮确认生成的隧道形状和锚杆的位置。

⑥点击 ▭ OK ▭。

结果如图 11-62 所示。

为了使形状下边的面位于同一个平面上,将生成的隧道形状移动到原点。

⑥主菜单里选择"Geometry>Transform>Translate…"。

⑥确认选择"Direction & Distance Tab"。

⑥ ▭ Select Object Shape(s) 状态下在选择工具条里点击 ▣ Displayed 选择全部的形状。

⑥"Direction"指定为"2 Point Vector"。

⑥参考图 11-62 点击 A 点。A 点的坐标会输入到第一个坐标输入窗口中。

⑥第二个坐标输入窗口里输入"0,0,0"。

⑦确认指定为"Move"。

⑦点击"Distance"右侧的 ▭ 。

⑦选中的两节点的距离会自动输入到"Distance"里。

⑦点击 ▣ 预览按钮确认移动后的形状。

⑦点击 ▭ OK ▭。

生成连接通道的形状如图 11-62 所示。

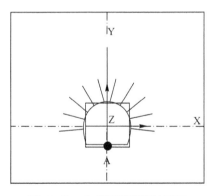

图 11-62　生成连接通道的形状

将连接通道的锚杆也注册到 Geometry Set 里。

⑦重复步骤㊱到㊺的过程生成 Geometry Set"连接 R/B"后将隧道截面的形状名称改为"连接通道 Section"。

⑦工作目录树里选择"Geometry>Curve>Rectangle>主隧道 Section"和"连接通道 Section"后,在关联菜单里选择"Show Only"。

⑦视图工具条里点击 ▱ Isometric。

可拉伸的平面如图 11-63 所示。

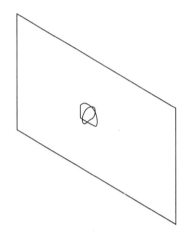

图 11-63 可拉伸的平面

（2）将生成的截面形状扩展（Extrude）成实体（Solid），利用圆柱（Cylinder）生成竖井。首先扩展岩土和隧道截面形状。

①主菜单里选择"Geometry>Generator Feature>Extrude…"。

②"Selection Filter"指定为"Wire（W）"。

③ **Select Extrusion Profile(s)** 状态下在工作目录树里选择"Geometry>Curve">"Rectangle"。

④点击 **Select Extrusion Direction** 。

⑤确认"Selection Filter"指定为"Datum Axis（A）"。

⑥ **Select Extrusion Direction** 状态下在工作目录树里选择 Datum>"Y-Axis"。

⑦"Length"处输入"45"。

⑧"Name"处输入"岩土"。

⑨勾选"Solid"。

⑩点击 预览按钮查看扩展后的形状。

⑪点击 **Apply** 。

⑫重复步骤②到⑪的过程将主隧道 Section 沿 Y 方向扩展 45，生成名称为"主隧道"的实体。

⑬"Selection Filter"指定为"Wire（W）"。

⑭ **Select Extrusion Profile(s)** 状态下工作目录树里选择"Geometry>Curve>连接通道 Section"。

⑮点击 **Select Extrusion Direction** 。

⑯确认"Selection Filter"指定为"Datum Axis（A）"。

⑰ **Select Extrusion Direction** 状态下工作目录树里选择"Datum>X-Axis"。

⑱"Length"里输入"20"。

⑲"Name"里输入"连接通道"。

⑳确认勾选"Solid"。

㉑点击 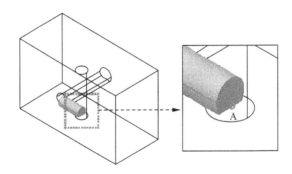预览按钮确认扩展后的形状。

㉒点击 <u>OK</u> 。

㉓生成圆柱。

㉔工作目录树里一起选择"Geometry>Solid>岩土"和"主隧道"后在关联菜单里选择"Display Mode>Wireframe"。

㉕视图工具条里点击 Zoom All。

㉖主菜单里选择"Geometry>Primitive Feature>Cylinder..."。

㉗"Radius"里输入"5"。

㉘"Height"里输入"40"。

㉙"Name"里输入"竖井"。

㉚确认指定为"GCS"。

㉛勾选"Screen Snap"。

㉜"Snap Toolbar"里点击 off All Snaps 关闭所有的捕捉。

㉝"Snap Toolbar"里点击 Middle Snap 使其亮显(Toggle On)。

㉞"Snap Toolbar"里点击 Lock Snap 确认是否亮显(Toggle On)。

激活"Lock Snap"的状态下只能输入能捕捉的节点坐标。

㉟参考图 11-64 利用捕捉用鼠标左键指定标记为 A 的点。

不便于辅捉时放大显示 A 点附近后再捕捉。

㊱点击 Cancel 。

拉伸成三维如图 11-64 所示。

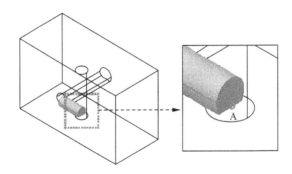

图 11-64 拉伸成三维

(3)进行实体间的交叉运算。

①工作目录树里选择"Geometry>Curve"后在关联菜单里选择"Hide All"。

②主菜单里选择"Geometry>Solid>Embed..."。

③ Select Master Object 状态下选择工作目录树的"Geometry>Solid>岩土"。

④ `Select Tool Object` 状态下选择工作目录树的"Geometry > Solid > 主隧道"。

⑤确认勾选"Delete Original Shape(s)"。

⑥点击 预览按钮确认嵌入(Embed)后的形状。

⑦点击 `Apply` 。

⑧ `Select Master Object` 状态下选择工作目录树的"Geometry>Solid>岩土"。

⑨ `Select Tool Object` 状态下选择工作目录树的"Geometry>Solid>竖井"。

⑩确认勾选"Delete Original Shape(s)"。

⑪点击 预览按钮确认嵌入后的形状。

⑫点击 `OK` 。

实体间的交叉运算如图 11-65 所示。

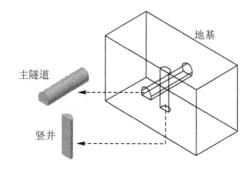

图 11-65　实体间的交叉运算

利用分割实体(Divide Solid)功能从地基里分离出连接通道部分的实体。

⑬主菜单里选择"Geometry>Solid>Divide..."。

⑭ `Select Solid(s) to Divide` 状态下工作目录树里选择 Geometry>Solid>"岩土"。

⑮确认"Dividing Tool"指定为"Selected Surfaces"。

⑯点击 `Select Tool Surface(s)` 。

⑰指定"Face(F)"的 Selection Filter 转换为"Shell(H)"。

⑱ `Select Tool Surface(s)` 状态下模型窗口里选择"连接通道"。

分割实体时需要分割面。而且只有当分割面是闭合的面组(Close Shell)时才能进行非常准确的几何计算。闭合的面组可以说是形成某个闭合空间的面组(Shell)实体的外壳。此操作例题里用实体生成连接通道后利用实体的子形状(Sub-Shape)壳-实体(Shell-Solid)来进行分割。这个壳-实体是将任意体积的几何模型可以定义实体区域的闭合面组作为子形状(Sub-Shape)。像这样关于子形状的选择只能在模型窗口里进行,在工作目录树里是不可能选择的。

⑲确认勾选"Divide Touching Faces of Neighbors"。

⑳ `Select Neighbor Shape(s)` 状态下在工作目录树里选择"Geometry>Solid>主隧道>

竖井"。

㉑确认勾选"Delete Original Shape(s)"。

㉒确认勾选"Delete Tool Shape(s)"。

删除不再使用的实体连接通道。

㉓点击📼预览按钮确认分割后的形状。

㉔点击 ⌷OK⌷。

㉕工作目录树里选择"Geometry>Solid>岩土 D-1"。

㉖按键盘的【F2】键后将名称转换为"连接通道"。

㉗工作目录树里选择"Geometry>Solid>岩土 D-2"。

㉘按键盘上的【F2】键后将名称转换为"岩土"。

分享出连接通道部分的实体如图 11-66 所示。

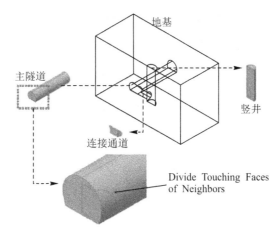

图 11-66　分离出连接通道部分的实体

㉙工作目录树里选择"Geometry>Solid>主隧道"和"岩土"后在关联菜单里选择"Display Mode>Shading with Edge"。

(4)为定义施工阶段分割实体。首先利用矩形功能生成矩形分割面。

①工作目录树里双击"Work Plane>XZ(0,-1,0)"。

②视图工具条里点击⊞ Normal。

③主菜单里选择"Geometry>Curve>Create on WP>Rectangle(Wire)…"。

④确认勾选"Make Face"。

⑤参考图 11-67 生成比主隧道的截面稍大一点的矩形面。

捕捉工具条里 🔒 Lock Snap 为亮显(Toggle On)状态时点击捕捉节点以外的任意节点是无法生成形状的。所以 🔒 Lock Snap 需为 Toggle Off 状态。

⑥点击 Cancel。

移动复制生成的面。

⑦视图工具条里点击▱ Isometric。

⑧工作目录树里选择"Geometry>Surface>Rectangle"。

⑨主菜单里选择"Geometry>Transform>Translate…"。

⑩确认"Selection Filter"指定为"Datum Axis(A)"。

⑪ → Select Direction 状态下工作目录树里选择"Datum>Y-Axis"。

⑫指定"Uniform Copy"。

⑬"Distance"里输入"3"。

⑭"Number of Times"里输入"14"。

⑮点击 OK 。

⑯选择工作目录树的"Surface"里最靠上的"Rectangle"后按键盘上的【Delete】键。

由于 GTS 将基本参数设定为可以按生成的顺序注册到工作目录树里,是最靠上端的"Rectangle"。直接生成的"Rectangle"不能适用于分割命令。

⑰"Delete"对话框里点击 OK 。

切割隧道如图 11-67 所示。

⑱主菜单里选择"Geometry>Solid>Divide…"。

⑲ ? Select Solid(s) to Divide 状态下工作目录树里选择"Geometry>Solid>主隧道"。

⑳确认"Dividing Tool"指定为"Selected Surfaces"。

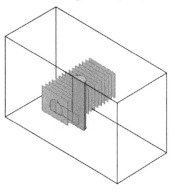

图 11-67 切割隧道

㉑点击 ? Select Tool Surface(s) 。

㉒确认"Selection Filter"指定为"Face(F)"。

㉓ → Select Tool Surface(s) 状态下在工作目录树的"Surface"里选择全部的"Rectangle"。

㉔勾选"Divide Touching Faces of Neighbors"。

㉕ → Select Neighbor Shape(s) 状态下工作目录树里选择"Geometry>Solid>岩土"和"连接通道"。

㉖确认勾选"Delete Original Shape(s)"。

㉗确认勾选"Delete Tool Shape(s)"。

㉘点击预览按钮确认分割后的形状。

㉙点击 OK 。

分割后实体如图 11-68 所示。

(5)为分割连接通道,生成分割面之后分割连接通道实体。

首先利用矩形命令生成矩形的分割面。

①工作目录树里双击模型窗口>"YZ(1,0,0)"。

②视图工具条里点击 ⊞ Normal。

③主菜单里选择"Geometry>Curve>Create on WP>Rectangle (Wire)…"。

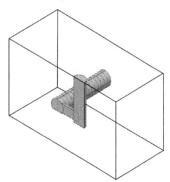

图 11-68 分割后实体

④勾选"Make Face"。

⑤参考图 11-69 生成比连接通道稍微大些的矩形面。

⑥点击 **Cancel**。

移动复制生成的面。

⑦视图工具条里点击 **□** Isometric。

⑧工作目录树里选择"Geometry>Surface>Rectangle"。

⑨主菜单里选择"Geometry>Transform>Translate…"。

⑩确认"Selection Filter"指定为"Datum Axis（A）"。

⑪ **→ Select Direction** 状态下工作目录树里选择"Datum>X-Axis"。

⑫指定为"Non-Uniform Copy"。

⑬"Distance"里输入"9,3"。

⑭点击 **OK**。

⑮选择工作目录树的"Surface"里最靠上的"Rectangle"后按键盘上的"Delete"键。

⑯ Delete 对话框里点击 **OK**。

分割连接通道如图 11-69 所示。

⑰主菜单里选择"Geometry>Solid>Divide…"。

⑱ **→ Select Solid(s) to Divide** 状态下工作目录树里选择"Geometry>Solid>连接通道"。

⑲确认"Dividing Tool"指定为"Selected Surfaces"。

⑳点击 **? Select Tool Surface(s)**。

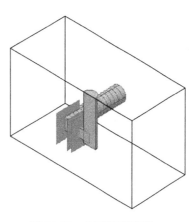

图 11-69　分割连接通道

㉑确认"Selection Filter"指定为"Face（F）"。

㉒ **→ Select Tool Surface(s)** 状态下工作目录树的"Surface"里选择除最靠上的矩形外的其他两个"Rectangle"。

㉓勾选"Divide Touching Faces of Neighbors"。

㉔ **→ Select Neighbor Shape(s)** 状态下工作目录树里选择"Geometry>Solid>岩土"。

㉕确认勾选"Delete Original Shape(s)"。

㉖确认勾选"Delete Tool Shape(s)"。

㉗点击 **□** 预览按钮确认分割后的形状。

㉘点击 **OK**。

分割后如图 11-70 所示。

（6）为了定义施工阶段分割竖井实体,模拟地层分割岩土实体,首先利用矩形命令生成矩形的分割面。

①工作目录树里双击模型窗口>"XY(0,0,1)"。

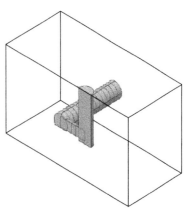

图 11-70　分割后

②视图工具条里点击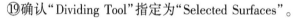Normal。

③主菜单里选择"Geometry>Curve>Create on WP>Rectangle（Wire）..."。

④勾选"Make Face"。

⑤参考图 11-71 选择连各对角线的顶点生成比岩土大的矩形面。

⑥点击 Cancel 。

移动复制生成的面。

⑦视图工具条里点击Isometric。

⑧工作目录树里选择"Geometry>Surface>Rectangle"。

⑨主菜单里选择"Geometry>Transform>Translate..."。

⑩确认"Selection Filter"指定为"Datum Axis（A）"。

⑪ Select Direction 状态下工作目录树里选择"Datum>Z-Axis"。

⑫指定"Non-Uniform Copy"。

⑬"Distance"里输入"6,7,6,6,5"。

⑭点击 OK 。

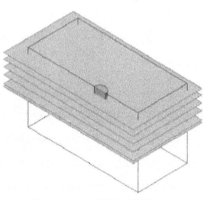

⑮选择工作目录树的"Surface"里最靠上的 Rectangle 后按键盘上的【Delete】键。

⑯Delete 对话框里点击 OK 。

分割竖向连接井如图 11-71 所示。

⑰主菜单里选择"Geometry>Solid>Divide..."。

图 11-71　分割竖向连接井

⑱ Select Solid(s) to Divide 状态下工作目录树里选择"Geometry>Solid">"竖井"。

⑲确认"Dividing Tool"指定为"Selected Surfaces"。

⑳点击 Select Tool Surface(s)

㉑确认"Selection Filter"指定为"Face（F）"。

㉒ Select Tool Surface(s) 状态下工作目录树的"Surface"里选择第一个、第二个、第四个"Rectangle"。

㉓勾选"Divide Touching Faces of Neighbors"。

㉔ Select Neighbor Shape(s) 状态下工作目录树里选择"Geometry>Solid>岩土"和"连接通道 D-3"。

当不便于选择"Neighbor Shape"时，通过点击"Displayed"来选择所有形状也无防，但是此时在分割实体的过程中可能会需要很长的计算时间，所以若不是非常复杂的建模一般不使用。在建模的过程中如果明确命名各形状，那么可以便利地在工作目录树里进行选择。

㉕确认勾选"Delete Original Shape(s)"。

㉖确认勾选"Delete Tool Shape(s)"。

㉗点击 预览按钮确认分割后的形状。

㉘点击 Apply 。

㉙ → Select Solid(s) to Divide 状态下的选择工具条里点击 Displayed 选择全部实体。

㉚确认"Dividing Tool"指定为"Selected Surfaces"。

㉛点击 Select Tool Surface(s) 。

㉜确认"Selection Filter"指定为"Face(F)"。

㉝ → Select Tool Surface(s) 状态下工作目录树的 Surface 里选择全部的 Rectangle。

㉞确认勾选"Delete Original Shape(s)"。

㉟确认勾选"Delete Tool Shape(s)"。

㊱点击 预览按钮确认分割后的形状。

㊲点击 OK 。

㊳工作目录树里选择 Geometry>Surface 的全部的 Rectangle。

㊴按键盘上的【Delete】键。

㊵【Delete】对话框里点击 OK 。

分割面及分割后的形状如图 11-72 所示。

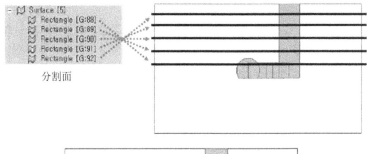

分割面

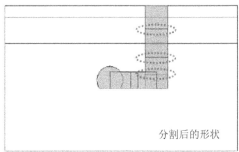

分割后的形状

图 11-72　分割面及分割后的形状

(7)生成竖井的锚杆形状。

①工作目录树里双击"Work Plane>XY(0,0,1)"。

②主菜单里选择"Curve>Create on WP>Line…"。

③"Line"对话框里确认"Input Start Location"信息。

④"Location"里输入"25,0"后按【回车】键。

⑤"Line"对话框里确认"Input End Location"信息。

⑥"Location"处输入"4,0"后按【回车】键。

⑦点击 Cancel 关闭 Line 对话框。

⑧主菜单里选择"Geometry>Transform>Rotate..."。

⑨ → Select Object Shape(s) 状态下工作目录树里选择"Geometry>Curve>Line"。

⑩"Revolution Axis"里点击 ? Select Revolution Axis

⑪选择工具条里确认"Selection Filter"指定为"Datum Axis(A)"。

⑫工作目录树里选择指定为"Datum>Z-Axis"。

⑬勾选"Define Location"后输入"20,0,0"。

⑭指定"Non-Uniform Copy"。

⑮"Angle"里输入"15,5@ 30"。

⑯点击 预览按钮确认复制后的形状。

⑰点击 OK 。

⑱工作目录树里选择 Geometry>Curve 的 Line 中最靠上的 Line。

⑲按键盘上的【Delete】键。

删除用于旋转的原线。

将生成的锚杆形状注册到"Geometry Set"里。

⑳选择工作目录树的"Geometry>Geometry Set"后在关联菜单里选择"New Geometry Set"。

㉑"Name"窗口里删除"New Geometry Set"后输入"竖直 R/B"按回车键。

㉒选择工作目录树的"Geometry>Geometry Set>竖直 R/B"后在关联菜单里选择"Geometry Set>Incl./Excl.Items"。

㉓ → Select Shapes 状态下工作目录树里选择全部"Geometry>Curve>Line"。

㉔点击 OK 。

㉕工作目录树里选择"Geometry>Geometry Set>竖直 R/B"选择关联菜单的"Hide"。

周围基岩切割如图 11-73 所示。

2.生成网格

(1)为了得到数量少质量高的网格,在生成网格前定义网格尺寸控制(Size Control)。

①视图工具条里点击 Front。

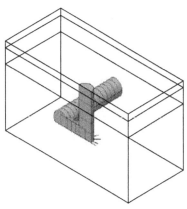

图 11-73　周围基岩切割

②主菜单里选择"Mesh>Size Control>Along Edge..."。

③ → Select Edge(s) 状态下参考图 11-74 像 A B,C 的形状那样拖动模型窗口选择 26 个 Edge。

④"Seeding Method"指定为"Interval Length"。

⑤"Interval Length"处输入"8"。

⑥点击 [图标] 预览按钮确认指定的网格尺寸。

⑦点击 Apply 。

生产网格设置如图 11-74 所示。

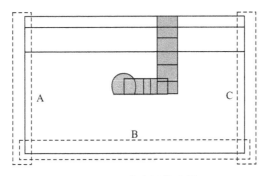

图 11-74 生产网格设置

⑧视图工具条里点击 [图标] Isometric。

⑨动态视图工具条里点击 [图标] Dynamic Rotate 后像图 11-75 一样将视图进行适当的旋转。

⑩选择工具条里点击 [图标] Polyline。

⑪ [Select Edge(s)] 状态下参考图 11-75 在模型窗口里建立像 A 一样的 Polyline 选择 5 个 Edge。

像这样对于实体彼此相交的部分,各实体里相应的线也是重复存在的。因此播种的时候需同时选择重复的两个线指定一种子信息。

根据用户生成模型的方法线的方向可能与此操作例题的方法线有所不同。进行 Linear Grading 时在各模型里确认线的方向后,按距离偏远的地方单元大小为 8、隧道的周边单元大小为 2 应用 Linear Grading。

⑫"Seeding Method"指定为"Linear Grading（Length）"。

⑬"SLen"处输入"8"。

⑭"ELen"处输入"2"。

⑮点击 [图标] 预览按钮确认指定的 Size Control。

⑯点击 Apply 。

⑰ [Select Edge(s)] 状态下参考图 11-75 在模型窗口里建立像 B 一样的"Polyline"选择 5 个 Edge。

⑱"SLen"处输入"2"。

⑲"ELen"处输入"6"。

⑳点击 [图标] 预览按钮确认指定的网格尺寸。

㉑点击 Apply 。

㉒ [Select Edge(s)] 状态下参考图 11-75 在模型窗口里建立像 C 一

样的"Polyline"选择 2 个 Edge。

㉓"SLen"处输入"8"。

㉔"ELen"处输入"4"。

㉕勾选"Symmetric Seeding"。

㉖点 可预览按钮确认指定的 Size Control。

㉗点击 **Apply**。

㉘ ➡ **Select Edge(s)** 状态下参考图 11-75 在模型窗口里建立像 D 一样的"Polylime"多义线选择 3 个 Edge。

㉙"Seeding Method"处指定为"Interval Length"。

㉚"Interval Length"处输入"8"。

㉛点击 览按钮确认指定的网格尺寸。

㉜点击 **OK**。

网格参数设置如图 11-75 所示。

（2）利用自动生成的网格生成 Tetra 网格。

①视图工具条里点击 Front。

②主菜单里选择"Mesh>Auto Mesh>Solid..."。

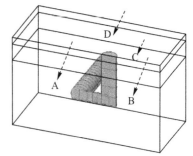

图 11-75　网格参数设置

③ ➡ **Select Solid(s)** 状态下参考图 11-76 像 A 一样拖动模型窗口选择 15 个实体。

④"Mesh Size"处选择 Element Size 后输入"2"。

⑤"Attribute"处输入"1"。

⑥"Mesh Set"处删除"Auto-Mesh(Solid)"后输入"主"。

⑦确认指定为 Add to "Mesh Set"。

⑧勾选"Register Each Solid Independently"。

⑨确认勾选"Merge Nodes"。

⑩确认勾选"Match Adjacent Faces"。

"Merge Nodes"和"Match Adjacent Faces"是需要一直确认是否勾选的非常重要的选项。

⑪确认勾选"Hide Object Solid(s) After Meshing"。

⑫点击 预览按钮确认生成节点的位置。

⑬点击 **Apply**。

⑭ ➡ **Select Edge(s)** 状态下参考图 11-76 像 B 一样拖动模型窗口选择 3 个实体。

⑮"Mesh Size"处选择 Element Size 后输入"2"。

⑯确认"Attribute ID"处输入"1"。

⑰"Mesh Set"里删除"主"后输入"连接"。

⑱确认指定为"Add to Mesh Set"。

⑲勾选"Register Each Solid Independently"。

⑳确认勾选"Merge Nodes"。

㉑确认勾选"Match Adjacent Faces"。

㉒确认勾选"Hide Object Solid(s) After Meshing"。

㉓点击 🖳 览按钮确认生成节点的位置。

㉔点击 Apply 。

㉕ → Select Edge(s) 状态下参考图 11-76 像 C 一样拖动模型窗口选择 6 个实体。

㉖"Mesh Size"处选择 Element Size 后输入"2"。

㉗确认"Attribute ID"处输入"1"。

㉘"Mesh Set"里删除"连接"后输入"竖直"。

㉙确认指定为"Add to Mesh Set"。

㉚勾选"Register Each Solid Independently"。

㉛确认勾选"Merge Nodes"。

㉜确认勾选"Match Adjacent Faces"。

㉝确认勾选"Hide Object Solid(s) After Meshing"。

㉞点击 🖳 预览按钮确认生成节点的位置。

㉟点击 Apply 。

㊱ → Select Edge(s) 状态下选择工具条里点击 🖼 Displayed 选择其余的 3 个实体。

㊲确认"Attribute ID"处输入"1"。

由于对象实体设定了网格尺寸控制,所以输入网格大小也是没有意义的。

㊳"Mesh Set"处删除"竖直"后输入"岩土"。

㊴确认指定为 Add to "Mesh Set"。

㊵勾选"Register Each Solid Independently"。

㊶确认勾选"Merge Nodes"。

㊷确认勾选"Match Adjacent Faces"。

㊸确认勾选"Hide Object Solid(s) After Meshing"。

㊹点击 🖳 预览按钮确认生成节点的位置。

㊺点击 OK 。

实体自动划分网格如图 11-76 所示。

(3)利用析取单元(Extract Element)生成与已生成的网格节点共享的喷射混凝土。

①工作目录树里选择 Mesh 后在关联菜单里选择"Hide All"。

②工作目录树里选择"Geometry>Solid"后在关联菜单里选择"Show All"。

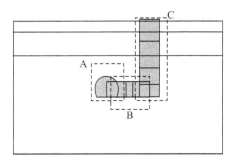

图 11-76　实体自动划分网格

③工作目录树里选择"Geometry>Solid>岩土-D1"和"岩土-D2"和"岩土-D3"后在关联菜单里选择"Hide"。

④视图工具条里点击 ⬜ Front.

⑤主菜单里选择"Model>Element>Extract Element..."。

⑥确认"From Shape"指定为"Face"。

⑦❓ Select Face(s) 状态下选择工具条里点击 🔳 Displayed 选择 147 个面。

⑧勾选"Skip Duplicated Faces"。

⑨"Attribute"处输入"5"。

⑩勾选"Register Based-on Owner Shape"。

⑪点击 OK 。

有关析取单元的各项说明请参考联机帮助。

利用 Delete Element 删除不使用的单元。

⑫工作目录树里选择"Geometry>Solid"后在关联菜单里选择"Hide All"。

⑬视图工具条里点击 ⬜ Right。

⑭主菜单里选择"Model>Element>Delete..."。

⑮➡ Select Element(s) 状态下参考图 11-77 像 A、B、C、D 一样拖动模型窗口选择不使用的"Element"。

⑯确认"Dimension Filter"处勾选"2D"。

⑰勾选"Delete Affected Node(s)"。

⑱点击 OK 。

析取单元如图 11-77 所示和衬砌单元如图 11-78 所示。

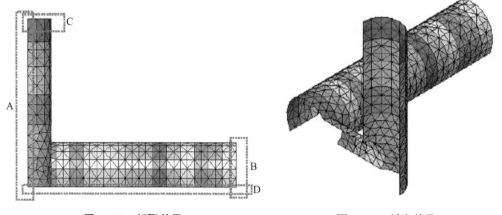

图 11-77 析取单元　　　　　　　图 11-78 衬砌单元

（4）生成锚杆的网格。利用与隧道截面形状一起生成的锚杆形状线生成网格。首先生成主隧道的锚杆。

①视图工具条里点击 <kbd>⊡</kbd> Isometric。

②工作目录树里选择"Geometry>Geometry Set"后在关联菜单里选择"Show All"。

③主菜单里选择"Mesh>Auto Mesh>Edge…"。

④ <kbd>→ Select Edge(s)</kbd> 状态下工作目录树里选择"Geometry>Geometry Set>主 R/B"以选择 13 个 Edge。

⑤确认"Seeding Method"指定为"Interval Length"后"Interval Length"处输入"2"。

⑥确认"Attribute ID"处输入"7"。

⑦取消勾选"Merge Nodes"。

⑧确认勾选"Hide Object Edge(s) After Meshing"。

⑨点击 <kbd>☐</kbd> 预览按钮确认生成节点的位置。

⑩点击 <kbd>OK</kbd>。

将各开挖阶段的锚杆网格复制移动到指定的位置。

⑪主菜单里选择"Model>Transform>Translate…"。

⑫ <kbd>→ Select Mesh(es)</kbd> 状态下工作目录树里选择"Mesh > Mesh Set > Auto−Mesh (Edge)"。

⑬确认指定为"Direction & Distance Tab"。

⑭"Direction"里点击 <kbd>？ Select Direction</kbd>。

⑮选择工具条里确认"Selection Filter"指定为"Datum Axis(A)"。

⑯ <kbd>→ Select Direction</kbd> 状态下工作目录树里选择"Datum>Y−Axis"。

⑰指定"Non−Uniform Copy"。

⑱"Distance"处输入"1.5,14@3"。

⑲确认勾选"Register Each Mesh Independently"。

⑳删除"Copied−Mesh"后输入"主 R/B"。

㉑取消勾选"Merge Nodes"。

㉒点击 <kbd>☐</kbd> 预览按钮确认复制移动 Mesh Set 的位置。

㉓点击 <kbd>OK</kbd>。

㉔工作目录树里选择"Mesh > Mesh Set > Auto−Mesh(Edge)"后按键盘上的【Delete】键。

线自动划分网格如图 11-79 所示。

生成连接通道的锚杆。

㉕视图工具条里点击 <kbd>⊡</kbd> Right.

㉖参考图 11-80 在"Works Window"里选择生成网格的过程中没必要的 5 个 Edge。

㉗按键盘上的【Delete】键。

㉘"Delete"对话框里点击 <kbd>OK</kbd>。

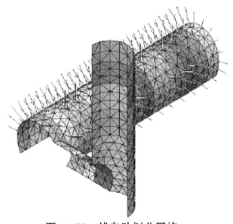

图 11-79　线自动划分网格

㉙主菜单里选择"Mesh>Auto Mesh>Edge…"。

㉚ 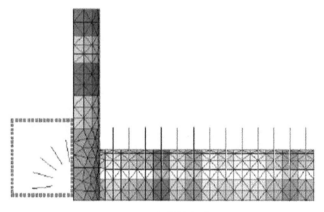 状态下工作目录树里选择"Geometry>Geometry Set>连接 R/B"以选择 5 个"Edge"。

㉛确认"Seeding Method"指定为"Interval Length"后,"Interval Length"处输入"2"。

㉜确认"Attribute"处输入"7"。

㉝确认取消勾选"Merge Nodes"。

㉞确认勾选"Hide Object Edge(s)After Meshing"。

㉟点击 预览按钮确认生成节点的位置。

㊱点击 OK 。

生成锚杆单元如图 11-80 所示。

图 11-80　生成锚杆单元

将各个开挖阶段的连接通道的锚杆网格复制移动到指定的位置。

㊲主菜单里选择"Model>Transform>Translate…"。

㊳ Select Mesh(es) 状态下工作目录树里选择"Mesh>Mesh Set>Auto-Mesh(Edge)"。

㊴确认指定为"Direction & Distance Tab"。

㊵"Direction"里点击 Select Direction 。

㊶选择工具条里确认"Selection Filter"指定为"Datum Axis(A)"。

㊷ Select Direction 状态下工作目录树里选择"Datum>X-Axis"。

㊸指定"Non-Uniform Copy"。

㊹"Distance"处输入"7,3.5,3"。

㊺确认勾选"Register Each Mesh Independently"。

㊻"Mesh Set"处删除"Copied-Mesh"后输入"连接 R/B"。

㊼确认取消勾选"Merge Nodes"。

㊽点击 预览按钮确认复制移动的网格组。

㊾点击 OK 。

㊿工作目录树里删除"Mesh>Mesh Set>Auto-Mesh(Edge)"后按键盘上的【Delete】键。

复制形成锚杆单元如图 11-81 所示。

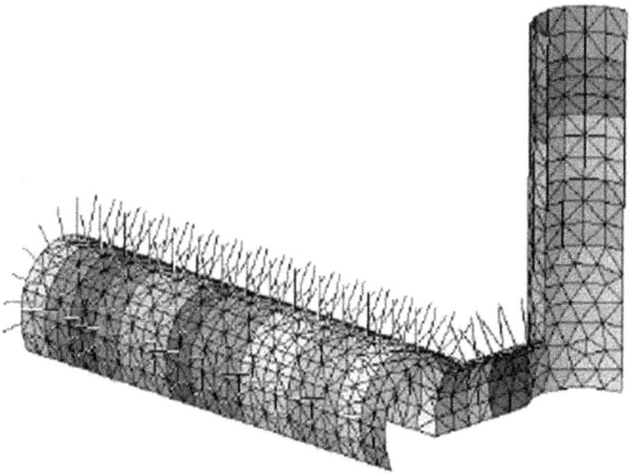

图 11-81 复制形成锚杆单元

生成竖井的锚杆。

(51)主菜单里选择“Mesh>Auto Mesh>Edge...”。

(52) Select Edge(s) 状态下工作目录树里点击“Geometry>Geometry Set>竖直 R/B”选择 7 个“Edge”。

(53)确认“Seeding Method”指定为“Interval Length”后，“Interval Length”处输入“2”。

(54)确认“Attribute”处输入“7”。

(55)取消勾选“Merge Nodes”。

(56)确认勾选“Hide Object Edge(s) After Meshing”。

(57)点击预览按钮确认生成节点的位置。

(58)点击 OK 。

将各开挖阶段的竖井的锚杆网格复制移动到指定的位置。

(59)主菜单里选择“Model>Transform>Translate...”。

(60) Select Mesh(es) 状态下工作目录树里选择 Mesh>Mesh Set>Auto-Mesh(Edge)”。

(61)确认选中“Direction & Distance Tab”。

(62)“Direction”里点击 Select Direction

(63)选择工具条里确认“Selection Filter”指定为“Datum Axis(A)”。

(64) Select Direction 状态下工作目录树里选择“Datum>Z-Axis”。

(65)指定“Non-Uniform Copy”。

(66)“Distance”处输入“3.5,6,6.5,6,5.5,4.8”。

(67)确认勾选“Register Each Mesh Independently”。

(68)“Mesh Set”里删除“Copied-Mesh”后输入“竖直 R/B”。

(69)取消勾选“Merge Nodes”。

(70)点击预览按钮确认“Mesh Set”移动的位置。

(71)点击 OK 。

(72)工作目录树里选择“Mesh>Mesh Set>Auto-Mesh(Edge)”按键盘上的【Delete】键。

最后模型如图 11-82 所示。

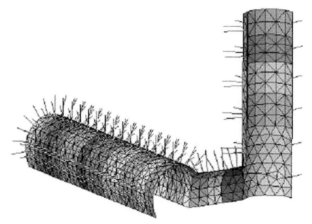

图 11-82 最后模型

利用 Delete Element 功能删除不使用的单元。

⑦视图工具条里点击 Front。

⑦主菜单里选择 Model>Element>Delete…。

⑦ Select Element(s) 状态下选择连接通道内部不需要的 10 个锚杆单元。

利用动态旋转功能旋转模型以准确地选择单元。

⑦确认"Dimension Filter"处勾选"ID"。

⑦勾选"Delete Affected Node(s)"。

⑦点击 OK 。

(5)GTS 里使用 Construction Stage Definition Wizard 可以简便定义施工阶段。由于此过程中需要利用网格组的命名规则,所以在这里先命名网格组。首先修改隧道中心部分的网格组名称。

①视图工具条里点击 Front。

②工作目录树的"Mesh>Mesh Set"的关联菜单里选择"Sort>By Name"。

③工作目录树的"Mesh>Mesh Set"里选择"主""连接""竖直"后在关联菜单里选择"Show Only"。

"主,主1,…,主14"和"连接,连接1,连接2,竖直,竖直1,…,竖直5"共 24 个 Mesh Set 进行 Show Only。

④主菜单里选择"Mesh>Mesh Set>Rename…"。

⑤ Select Mesh Set(s) 状态下工作目录树里选择全部 Mesh>Mesh Set>"主"。

选择主隧道网格所注册的 15 个网格组进行指定。

⑥"Sorting Order"指定为"Coordinate"。

⑦"1st"指定为"Y"。

⑧确认"Order"指定为"Ascending"。

⑨"Naming Rule"里"Name"处输入"主隧道#"。

⑩确认"Starting Suffix Number"处输入"1"。

⑪点击 **Apply**。

⑫ **➡ Select Mesh Set(s)** 状态下工作目录树里选择全部"Mesh>Mesh Set>连接"。

选择连接通道网格所注册的 3 个网格组进行指定。

⑬"Sorting Order"指定为"Coordinate"。

⑭"1st"指定为"X"。

⑮"Order"指定为"Descending"。

⑯"Naming Rule"里 Name 处输入"连接通道#"。

⑰"Starting Suffix Number"处输入"1"。

⑱点击 **Apply**。

⑲ **➡ Select Mesh Set(s)** 状态下工作目录树里"Mesh>Mesh Set"处选择全部"竖直"。

选择竖井网格所注册的 6 个网格组进行指定。

⑳"Sorting Order"指定为"Coordinate"。

㉑"1st"指定为"Z"。

㉒确认"Order"指定为"Descending"。

㉓"Naming Rule"里 Name 处输入"竖井#"。

㉔"Starting Suffix Number"里输入"1"。

㉕点击 **OK**。

㉖视图工具条里点击 **□** Isometric。

㉗工作目录树里选择"Mesh>Mesh Set>主隧道#001"。

㉘一直按键盘上的向下方向键逐个选择下一网格组,在画面上可以查看选中的网格组亮显的位置。此时可以确认网格组的序号是否沿轴向递增。

网格组命名如图 11-83 所示。

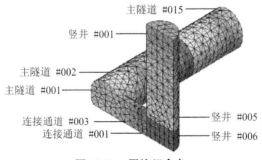

图 11-83　网格组命名

修改 Shotcrete Mesh Set 等的名称。

㉙视图工具条里点击 Front。

㉚工作目录树的“Mesh>Mesh Set”里选择全部的“Extract-Mesh”后在关联菜单里选择 Show Only。

㉛主菜单里选择“Mesh>Mesh Set>Rename...”。

㉜ Select Mesh Set(s) 状态下参考图 11-84 像 A 一样拖动模型窗口选择 15 个网格组。

㉝“Sorting Order”指定为“Coordinate”。

㉞“1st”指定为“Y”。

㉟确认“Order”指定为“Ascending”。

㊱“Naming Rule”里“Name”处输入“主隧道 SC #”。

㊲确认“Starting Suffix Number”处输入“1”。

㊳点击 Apply。

㊴ Select Mesh Set(s) 状态下参考图 11-84 像 B 一样拖动模型窗口选择 3 个网格组。

㊵“Sorting Order”指定为“Coordinate”。

㊶“1st”指定为“X”。

㊷“Order”指定为“Descending”。

㊸“Naming Rule”里“Name”处输入“连接通道 SC #”。

㊹“Starting Suffix Number”处输入“1”。

㊺点击 Apply。

㊻ Select Mesh Set(s) 状态下参考图 11-84 像 C 一样拖动模型窗口选择 6 个网格组。

㊼“Sorting Order”指定为“Coordinate”。

㊽“1st”指定为“Z”。

㊾确认“Order”指定为“Descending”。

㊿“Naming Rule”里“Name”处输入“竖井 SC#”。

(51)“Starting Suffix Number”里输入“1”。

(52)点击 OK。

修改名称如图 11-84 所示。

修改“Rock Bolt Mesh Set”等的名称。

(53)工作目录树的“Mesh>Mesh Set”里选择全部的“主 RB”“连接 RB”“竖直 RB”后在关联菜单里选择“Show Only”。

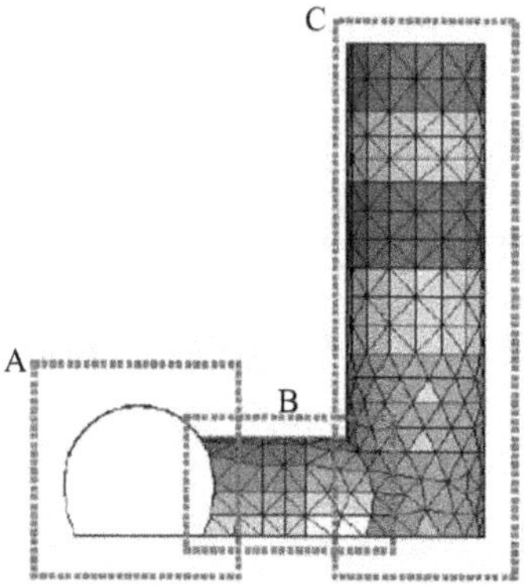

图 11-84 修改名称

(54)重复步骤④到㉕的过程将网格组的名称修改为“主隧道 RB#”“连接通道 RB #”“竖井 RB#”。

㊹工作目录树里选择"Mesh>Mesh Set>岩土"后按键盘的【F2】键将名称改为"S Rock"。

㊺工作目录树里选择"Mesh>Mesh Set>岩土 1"后按键盘的【F2】键将名称改为"W Rock"。

㊻工作目录树里选择"Mesh>Mesh Set>岩土 2"后按键盘的【F2】键将名称改为"Soil"。

（6）在前面生成网格的过程中并没有考虑各网格组要应用的属性，所以使用修改参数来修改属性。

①工作目录树的"Mesh>Mesh Set"的关联菜单里选择"Show All"。

②视图工具条里点击 ⊡ Front。

③主菜单里选择"Model>Element>Change Parameter…"。

④选择工具条里确认"Selection Filter"指定为"Mesh(M)"。

⑤ ➡ Select Element(s) 状态下工作目录树里选择"Mesh>Mesh Set>竖井 #002"和"竖井 #003"和"W Rock"。

⑥"Attribute"指定为"3D"后输入"2"。

⑦点击 Apply。

⑧选择工具条里确认"Selection Filter"指定为"Mesh(M)"。

⑨ ➡ Select Element(s) 状态下工作目录树里选择"Mesh>Mesh Set>竖井 #001>Soil"。

⑩"Attribute"处指定为"3D"后输入"3"。

⑪点击 Apply。

⑫选择工具条里确认"Selection Filter"指定为"Mesh(M)"。

⑬ ➡ Select Element(s) 状态下工作目录树里选择"Mesh>Mesh Set>竖井 SC #003"和"竖井 SC #004"和"竖井 SC #005"和"竖井 SC #006"。

⑭"Attribute"处指定为"2D"后输入"6"。

⑮点击 Apply。

⑯选择工具条里确认"Selection Filter"指定为"Mesh(M)"。

⑰ ➡ Select Element(s) 状态下工作目录树里选择"Mesh>Mesh Set>竖井 SC #001"和"竖井 SC #002"。

⑱"Attribute"处指定为"2D"后输入"4"。

⑲点击 OK。

11.2.3 结果分析

11.2.3.1 分析

1.支撑（Supports）

指定模型的约束条件。

（1）视图工具条里点击 ⊡ Front。

（2）主菜单里选择"Model>Boundary>Supports..."。

（3）"BC Set"里选择"Common Support"。

（4）确认"Object"处"Type"指定为"Node"。

（5）选择工具条里确认"Selection Filter"指定为"Node（N）"。

（6）➔ Select Node(s) 状态下参考图11-85像A、B一样拖动模型窗口选择模型左右边界上的节点。

（7）确认"Mode"指定为"Add"。

（8）"DOF"里勾选"UX"。

（9）点击 Apply 。

（10）确认"BC Set"指定为"Common Support"。

（11）确认"Object"处"Type"指定为"Node"。

（12）选择工具条里确认"Selection Filter"指定为"Node（N）"。

（13）➔ Select Node(s) 状态下参考图11-85像C一样拖动模型窗口选择模型下面的节点。

（14）确认"Mode"指定为"Add"。

（15）"DOF"里取消勾选"UX"后勾选"UZ"。

（16）点击 Apply 。

（17）视图工具条里点击 ⊡ Right。

（18）确认"Object"处"Type"指定为"Node"。

（19）选择工具条里确认"Selection Filter"指定为"Node（N）"。

（20）➔ Select Node(s) 状态下参考图11-86像A一样拖动模型窗口选择模型前面的节点。

选择模型前、后面的节点时需要准确地选择添加边界条件的边界节点。对于隧道的部分由于网格太小，较大的拖动模型窗口不但选中了边界节点，内部的节点也一并选择，使其不应用边界条件。因此，可以像基础例题3那样将Selection Filter指定为Face进行选择。

（21）确认"Mode"指定为"Add"。

（22）"DOF"里取消勾选"UZ"后勾选"UY""RX""RZ"。

（23）点击 Apply 。

（24）确认"Object"里"Type"指定为"Node"。

（25）选择工具条里确认"Selection Filter"指定为"Node（N）"。

（26）➔ Select Mesh Set(s) 状态下参考图11-86像B一样拖动模型窗口选择模型后面的节点。

（27）确认"Mode"指定为"Add"。

（28）"DOF"里取消勾选"RX""RZ"，只保留勾选"UY"。

（29）点击[OK]。

设置约束如图 11-85 和图 11-86 所示。

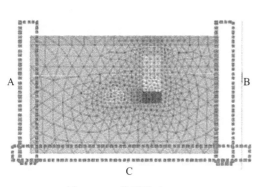

图 11-85   设置约束（一）

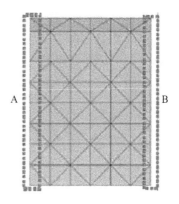

图 11-86   设置约束（二）

2.自重（Self Weight）

在模型里将自重定义为荷载。

（1）主菜单里选择"Model>Load>Self Weight…"。

（2）"Load Set"里输入"Self Weight"。

（3）"Self Weight Factor"的"Z"里输入"-1"。

（4）点击[OK]。

3.施工阶段建模助手（Stage Define Wizard）

利用 GTS 的 Construction Stage Definition Wizard 定义施工阶段。

（1）工作目录树里选择"Mesh>Mesh Set>S Rock"和"W Rock"和"Soil"后，关联菜单里选择"Display Mode>Feature Edge"。

（2）主菜单里选择"Model>Construction Stage>Stage Definition Wizard…"。

（3）"Set Arrangement Rules"里点击第 1 个"Set Type"选择"单元"。

（4）点击第 1 个"Set Name Prefix"选择"主隧道#"。

（5）"Start Stage"里输入"0"。

（6）"Stage Inc"里输入"0"。

（7）"Set Arrangement Rules"里点击第 2 个"Set Type"选择"요소"。

（8）点击第 2 个"Set Name Prefix"选择"连接通道#"。

（9）"Start Stage"里输入"0"。

（10）"Stage Inc"里输入"0"。

（11）"Set Arrangement Rules"里点击第 3 个"Set Type"选择"单元"。

（12）点击第 3 个"Set Name Prefix"选择"竖井#"。

（13）"Start Stage"里输入"0"。

（14）"Stage Inc"里输入"0"。

施工阶段如图 11-87 所示。

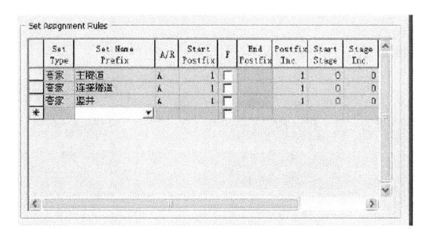

图 11-87　施工阶段

（15）"Set Arrangement Rules"里点击第 4 个"Set Type"选择"单元"。

（16）点击第 4 个"Set Name Prefix"选择"竖井#"。

（17）"A/R"处指定为"R"。

（18）"Start Stage"里确认"1"。

（19）"Set Arrangement Rules"里点击第 5 个"Set Type"选择"单元"。

（20）点击第 5 个"Set Name Prefix"选择"竖井 SC#"。

（21）"Start Stage"里输入"2"。

（22）"Set Arrangement Rules"里点击第 6 个 Set Type 选择"单元"。

（23）点击第 6 个"Set Name Prefix"选择"竖井 RB#"。

（24）"Start Stage"处输入"2"。

（25）点击 **Apply Assignment Rules**。

如图 11-88 和图 11-89 所示。

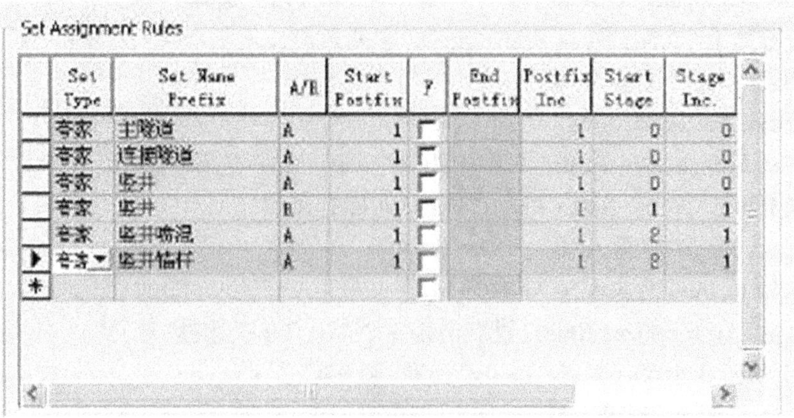

图 11-88　施工阶段定义

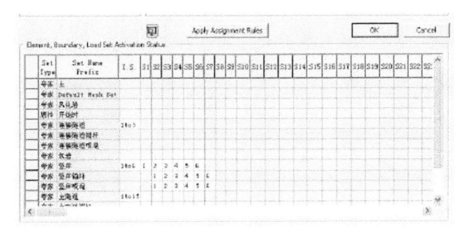

图 11-89　开挖顺序

(26)"Set Arrangement Rules"里点击第 7 个 Set Type 选择"单元"。

(27)点击第 7 个"Set Name Prefix"选择"连接通道#"。

(28)"A/R"处指定为"R"。

(29)"Start Stage"里输入"8"。

(30)"Set Arrangement Rules"里点击第 8 个"Set Type"选择"单元"。

(31)点击第 8 个"Set Name Prefix"选择"连接通道 SC#"。

(32)"Start Stage"处输入"9"。

(33)"Set Arrangement Rules"里点击第 9 个 Set Type 选择"单元"。

(34)点击第 9 个"Set Name Prefix"选择"连接通道 RB#"。

(35)"Start Stage"处输入"9"。

(36)点击 **Apply Assignment Rules** 。

如图 11-90 和图 11-91 所示。

Set Type	Set Name Prefix	A/R	Start Postfix	y	End Postfix	PostFix Inc.	Start Stage	Stage Inc.
专家	主隧道	A	1	□		1	0	0
专家	连接隧道	A	1	□		1	0	0
专家	竖井	A	1	□		1	0	0
专家	竖井	R	1	□		1	1	1
专家	竖井喷混	A	1	□		1	1	1
专家	竖井锚杆	A	1	□		1	2	1
专家	连接隧道	R	1	□		1	8	1
专家	连接隧道锚杆	A	1	□		1	9	1
专家	连接隧道喷混	A	1	□		1	9	1
*				□				

图 11-90　第 2 阶段

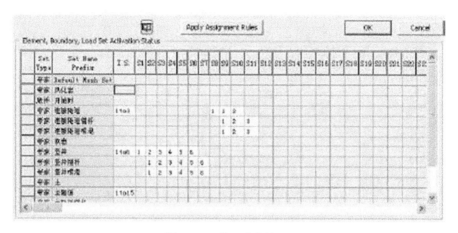

图 11-91　第 2 阶段单元

（37）"Set Arrangement Rnles"里点击第 10 个 Set Type 选择"单元"。

（38）点击第 10 个"Set Name Prefix"选择"主隧道#"。

（39）"A/R"处指定为"R"。

（40）"Start Stage"处输入"12"。

（41）"Set Arrangement Rules"里点击第 11 个 Set Type 选择"单元"。

（42）点击第 11 个"Set Name Prefix"选择"主隧道 SC#"。

（43）"Start Stage"处输入"13"。

（44）"Set Arrangement Rules"里点击第 12 个"Set Type"选择"单元"。

（45）点击第 12 个"Set Name Prefix"选择"主隧道 RB #"。

（46）"Start Stage"处输入"13"。

（47）点击 **Apply Assignment Rules**。

如图 11-92 和图 11-93 所示。

Set Type	Set Name Prefix	A/E	Start Postfix	F	End Postfix	Postfix Inc.	Start Stage	Stage Inc.
专家	竖井	A	1	☐		1	1	1
专家	竖井喷混	A	1	☐		1	2	1
专家	竖井锚杆	A	1	☐		1	2	1
专家	连接隧道	A	1	☐		1	8	1
专家	连接隧道喷混	A	1	☐		1	9	1
专家	连接隧道锚杆	A	1	☐		1	9	1
专家	主隧道	A	1	☐		1	12	1
专家	主隧道喷混	A	1	☐		1	13	1
专家	主隧道锚杆	A	1	☐		1	13	1
*				☐				

图 11-92　第 3 阶段

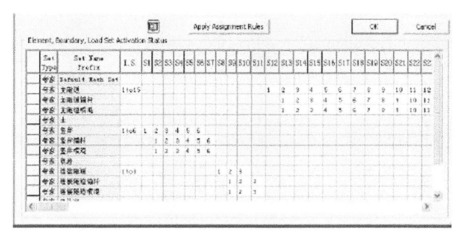

图 11-93　第 3 阶段单元

（48）"Element，Boundary，Load"里选择"S Rock"，"W Rock"，"Soil"。

（49）象图 GTS 高级例题 1-57 一样拖动选中的项到"Element，Boundary，Load Set Acfivation Status"。

（50）像图 11-94 一样在"Element，Boundary，Load Set Activation Status"里确认在上面选中的项是否标记为"-"。

如图 11-94 和图 11-95 所示。

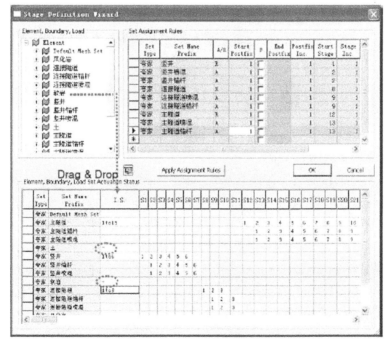

图 11-94　锚杆激活

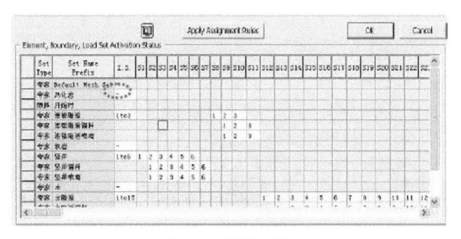

图 11-95　激活锚杆单元

(51)"Element，Boundary，Load"里选择"Common Support"5"Self Weight"两个。

(52)同步骤(46)一样拖动添加到"Element，Boundary，Load Set Activation Status"。

(53)点击 预览按钮。

(54)点击 <|> 查看想确认的施工阶段的形状，或者点击 ▶ 用动画查看施工阶段，点击 结束预览。

(55)"Stage Define Wizard"对话框里点击 OK 。

观看施工阶段如图 11-96 所示。

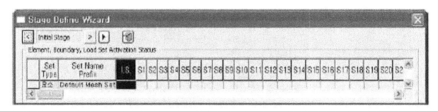

图 11-96　观看施工阶段

4.定义施工阶段(Define Construction Stage)

利用定义施工阶段的功能查看及修改在前面生成的施工阶段。

(1)主菜单里选择"Model>Construction Stage>Define Construction Stage..."。

(2)"Define Construction Stage"对话框下端的"Show Elements"指定为"Activated"。

(3)在"Stage ID"右侧的 里点击向下的方向键可以按每个施工阶段查看激活的网格组形状和删除的网格组形状。

与"Stage Define Wizard"里确认的方法一致。

(4)点击"Stage ID"指定为"1:IS"。

(5)"Define Construction Stage"对话框的下端勾选"Clear Displacement"。

(6)点击 Save 。

在 Wizard 里并不指定像 LDF 这样的各种分析选项。需要指定的时候像这样利用定义施工阶段功能按各步进行详细的设定。

（7）点击 Close 。

5.分析工况（Analysis Case）

为进行分析生成分析工况。

（1）主菜单里选择"Analysis>Analysis Case…"。

（2）"Analysis Case"对话框里点击 Add… 。

定义有关施工阶段分析的分析工况。

（3）"Add/Modify Analysis Case"对话框里"Name"处输入"GTS AT 1"。

（4）"Description"处输入"3D C/S Analysis"。

（5）"Analysis Type"指定为"Construction Stage"。

（6）点击"Analysis Control"的 ... 。

利用分析控制（Analysis Control）功能进行有关施工阶段分析的细部设定。

（7）"Analysis Control"对话框里确认选中"Construction Stage Tab"。

（8）确认"Final Calculation Stage"指定为"End Stage"。

（9）勾选"Initial Stage for Stress Analysis"。

（10）确认"Initial Stage for Stress Analysis"指定为"IS"。

（11）勾选"K_0 Condition"。

（12）"Initial Water Level"处输入"-100"。

（13）点击 OK 。

定义施工阶段如图 11-97 所示。

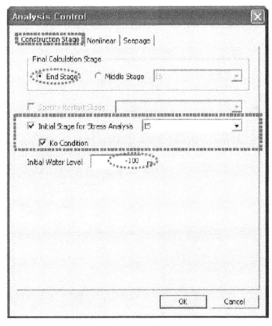

图 11-97　定义施工阶段

（14）"Add/Modify Analysis Control"对话框里点击 OK 。

（15）"Analysis Case"对话框里点击 Close 。

施工阶段名称如图11-98所示。

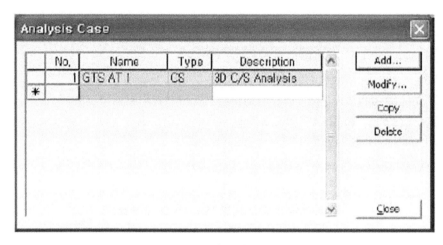

图11-98　施工阶段名称

6.分析（Solve）

运行分析主菜单里选择"Analysis>Solve…"。

分析计算如图11-99所示。

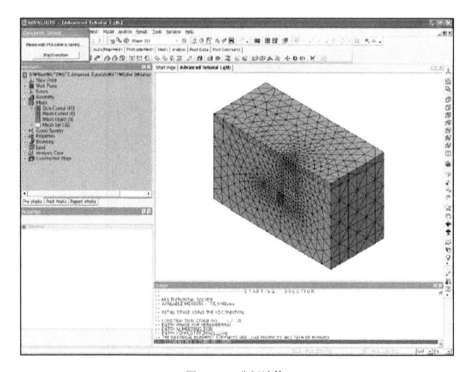

图11-99　分析计算

在 Output 窗口将显示分析过程中的各种信息。若产生 Warning 等警告信息,有可能导致分析结果的不正常,需要特别留意。分析信息文件的扩展名为 *.OUT*,形式为文本文件;分析结果文件的扩展名为 *.TA*,形式为二进制文件。所有文件都将被保存在与模型文件相同的文件夹内。

11.2.3.2　查看分析结果

正常分析结束后进入后处理(Post-Processing)阶段。熟悉查看各分析结果的方法。

为得到清晰的分析结果最好都不显示 Datum,GCS,WCS,荷载边界条件,Geometry 等。

1.位移(Displacement)

在分析结果中查看位移。先查看 X 方向的位移。

(1)工作目录树里选择"Post-Works Tab"。

(2)工作目录树里双击"CS:GTS AT 1>CS27-Last Step>Displacement>DX(V)"。

按施工阶段查看结果的变化时利用"Post Data Tab"里的 按钮通过变换"Output Set"来查看。

(3)视图工具条里选择 Front。

UX 方向位移如图 11-100 所示。

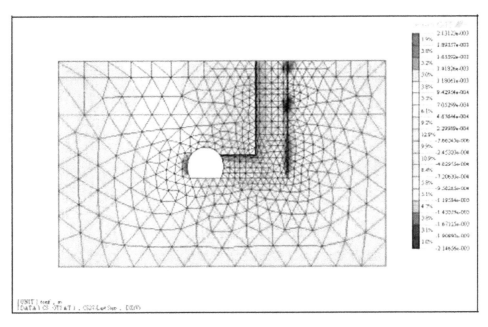

图 11-100　UX 方向位移

查看 Y 方向的位移。

(4)点击"Post Data Toolbar"右侧的 Sens. Sensitive 按钮。

为了确认隧道的内空位移,查看 DY。

(5)将指定为"DX(V)"的"Post Data Toolbar"的"Contour Data"指定为"DY(V)"。

UY 方向的位移如图 11-101 所示。

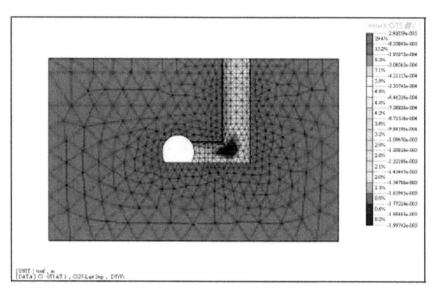

图 11-101 UY 方向的位移

查看 Z 方向的位移。在此网格可以和位移一起用"Feature Edge"显示在画面上。

（6）将指定为"DY（V）"的"Post Data Toolbar"的"Contour Data"指定为"DZ（V）"。

（7）"Post Command Toolbar"里点击 [图] Edge Type 选择"Feature Edge"。

（8）"Property Window"里选择"Contour"。

（9）双击"Contour Line On/Off"指定为"True"。

（10）"Property Window"里点击 Apply 。

（11）视图工具条里点击 [图] Isometric。

轴测图位移如图 11-102 所示。

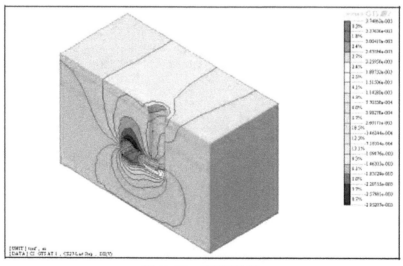

图 11-102 轴测图位移

2.实体最大/最小主应力(Solid Max/Min Principle Stress)

在分析结果中查看最大主应力值。

(1)工作目录树里双击"CS","GTS AT 1>CS27-Last Step>Solid Stresses>LO-Solid P1(V)"。

(2)"Property Window"里选择"Contour"。

(3)双击"Contour Line On/Off"指定为"False"。

(4)"Property Window"里点击 **Apply** 。

主应力值如图11-103所示。

图11-103　主应力值

以向量(Vector)画等值线形状。

(5)"Post Data Toolbar"里点击📑 ▼ plot Type选择"Vector Plot"勾选。

(6)"Post Data Toolbar"里点击📑 ▼ Plot Type选择"Contour Plot"取消勾选。

(7)"Property Window"里选择"Vector"。

(8)"Arrow Head"指定为"One Direction"。

(9)"Vector Type"指定为"Contour"。

(10)点击 **Apply** 。

(11)视图工具条里选择🔲 Front。

矢量图如图11-104所示。

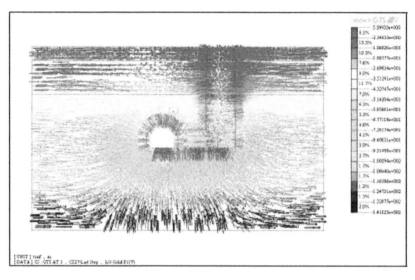

图 11-104　矢量图

在分析结果中查看最小主应力值。

（12）"Post Data Toolbar"里点击 📄 ▾ Plot Type 选择"Vector Plot"勾选。

（13）"Post Data Toolbar"里点击 📄 ▾ Plot Type 选择"Contour Plot"勾选。

（14）工作目录树里双击"CS"，"GTS AT 1>CS27－Last Step>Solid Stresses>LO－Solid P3(V)"。

（15）视图工具条里点击 🗗 Isometric。

最小主应力如图 11-105 所示。

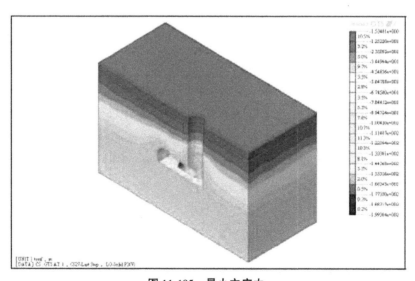

图 11-105　最小主应力

3.喷射混凝土最大/最小主应力（Shotcrete Max/Min Principle Stress）
查看喷射混凝土的最大主应力。

（1）工作目录树里双击"CS"，"GTS AT 1>CS27－Last Step>Plate Stresses>LO－Plate P1（Top）"。

（2）"Property Window"里选择"Contour"。

（3）"No Result Entity"指定为"Feature Edge"。

（4）点击 Apply 。

喷射混凝土的最大主应力如图 11-106 所示。

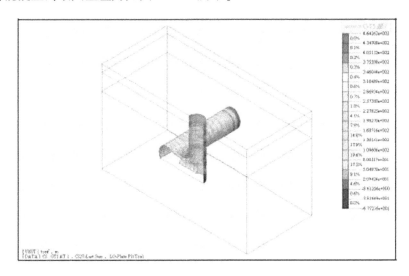

图 11-106　喷射混凝土的最大主应力

（5）工作目录树里双击"CS"，"AT 1>CS27－Last Step>Plate Stresses>LO－Plate P2（Top）"。

（6）"Post Command Toolbar"里点击 Edge Type 选择"Mesh Edge"。

喷射混凝土的最小主应力如图 11-107 所示。

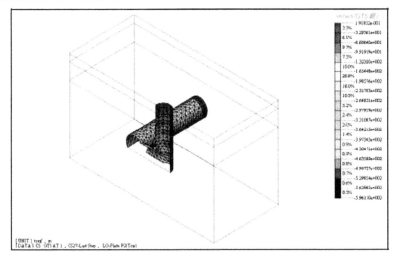

图 11-107　喷射混凝土的最小主应力

4.Truss Fx

查看锚杆的轴力。

(1)工作目录树里双击"CS：AT 1>CS27-Last Step>1D Element Forces>Truss Fx"。

(2)"Property Window"里选择"Diagram"。

(3)"No Result Element"指定为"Feature Edge"。

(4)点击 **Apply** 。

(5)视图工具条里选择 Front。

(6)视图工具条里选择 Right。

锚杆的轴力如图 11-108 和图 11-109 所示。

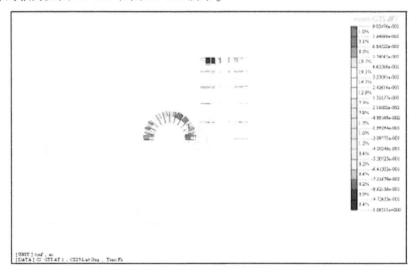

图 11-108　锚杆的轴力 1

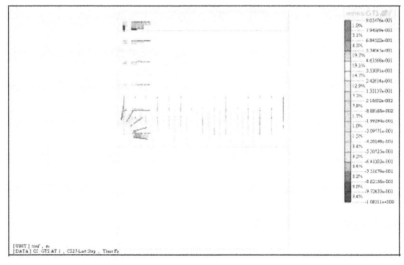

图 11-109　锚杆的轴力 2

11.3　三维连接隧道施工阶段分析

该例子主要是建立三维连接隧道后进行分析。在此是打开 DXF 文件后进行实体建模,然后使用 4 节点 4 面体(Tetra)单元进行分析。在此过程中主要在加载岩土的自重和地表面的荷载时,熟悉为进行施工阶段分析而输入的数据以及定义施工阶段的方法。在任意位置以图形和表格的形式输出分析结果,利用 GTS 里提供的多样化的分析结果的方法来查看结果。建立由竖井、连接通道、主隧道组成的城市隧道模型后运行分析。在此 GTS 里直接利用 4 节点四面体单元直接建模。

11.3.1　运行 GTS

运行程序。

(1)运行 GTS。

(2)点击 ▢ 文件>新建开始新项目。

(3)弹出项目设定对话框。

(4)在"项目名称"里输入"基础例题 3"。

(5)其他的使用程序设定的默认值。

(6)点击 ▭ 确认 。

(7)在主菜单里选择"视图>显示选项……"。

(8)将一般表单里"网格>节点"显示指定为"False"。

(9)点击 ▭ 确认 。

11.3.2　概要

此操作例子里使用的模型如下。岩土由单一材料构成且里面有主隧道,主隧道的垂直方向上有避难隧道。在隧道里喷射混凝土和锚杆,进行开挖及支护的施工阶段分析。

模型的几何关系及网格形状如图 11-110 和图 11-111 所示。

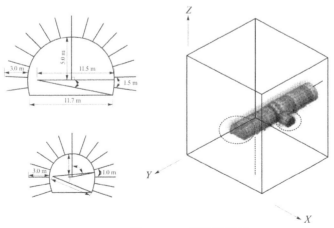

图 11-110　模型示意图

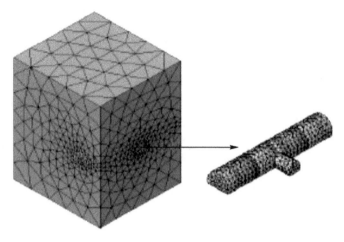

图 11-111　单元网格图

对于材料不同的部分和需要按阶段来施工的网格都捆绑成网格组,便于管理。网格组的名称如图 11-112 所示。

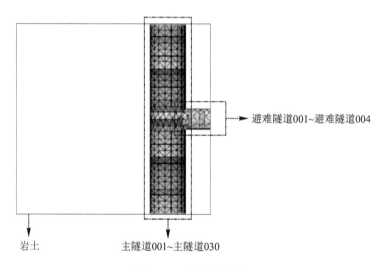

避难隧道001~避难隧道004

岩土　　　　　主隧道001~主隧道030

图 11-112　网格组划分

此模型中岩土由一种材料构成,岩土的属性见表 11-9。

表 11-9　　　　　　　　　　　　单元表

属性号	1
名称	Hard Rock
类型	实体
单元类型	实体
材料(号)	Mat Hard Rock(1)

属性 1 里使用的 Mat Hard Rock 材料的特性值见表 11-10。

表 11-10   材料属性

材料号	1
名称	Mat Hard Rock
类型	莫尔–库伦
弹性模量 E	6.0e5
泊松比 ν	0.2
容重 γ	2.6
容重(饱和)	2.6
黏聚力 C	300
摩擦角 ϕ	40
抗拉强度	300
K_0	1.5

此模型中从主隧道 001 到主隧道 030 的网格组的边界上有主 S/C001~030,它的外面就有主 R/B001~030。避难隧道上也是如此,有避难 S/C001~004,避难 R/B001~004。

各喷射混凝土(Shotcrete)和锚杆(Rock Bolt)的特性见表 11-11。

表 11-11   各喷射混凝土(Shotcrete)和锚杆(Rock Bolt)单元表

属性号	2	3
名称	Shotcrete	Rock Bolt
类型	平面	线
单元类型	板	植入式桁架
材料(号)	Mat Hard S/C (2)	Mat R/B(3)
特性(号)	Prop S/C(1)	Prop R/B(2)

喷射混凝土和锚杆的材料见表 11-12。

表 11-12   各喷射混凝土特性

材料号	2	3
名称	Mat Hard S/C	Mat R/B
类型	Structure	Structure
弹性模量 E	1.5e6	2.0e7
重量密度 γ(t/m³)	2.4	7.85

喷射混凝土和锚杆的截面特性值见表 11-13。

表 11-13 锚杆特性

特性号	1	2
名称	Prop S/C	Prop R/B
类型	厚度	桁架/植入式桁架
厚度	0.16	—
半径	—	0.025

11.3.3 分析

生成属性。在三维分析里岩土的属性是实体类型。

(1)在主菜单里选择"模型>特性>属性…"。

(2)在"属性"对话框里点击 添加 右侧的 按钮。

(3)选择"实体"。

(4)在"添加/修改实体属性"对话框里确认号指定为"1"。

(5)在"名称"里输入"Hard Rock"。

(6)确认"单元类型"指定为"实体"。

(7)为生成材料点击"材料"右侧的 添加 。

如图 11-113 所示。

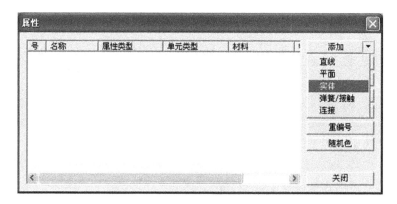

图 11-113 属性

(8)在"添加/修改岩土材料"对话框里确认号指定为"1"。

(9)在"名称"里输入"Mat Hard Rock"。

(10)将"模型类型"指定为"莫尔–库伦"。

(11)在材料"参数"的"弹性模量(E)"处输入"6.0e5"。

(12)在材料"参数"的"泊松比(ν)"处输入"0.2"。

(13)在材料"参数"的"容重(γ)"处输入"2.6"。

(14)在材料"参数"的"容重(饱和)"处输入"2.6"。

(15)在材料"参数"的"黏聚力(C)"处输入"300"。

(16)在材料"参数"的"摩擦角(ϕ)"处输入"40"。

(17)在材料"参数"的"初始应力参数"处K_0输入"1.5"。

(18)在"本构模型"里"参数"的"抗拉强度"处输入"300"。

(19)确认"排水参数"指定为"排水"。

(20)点击 确认 。

如图 11-114 所示。

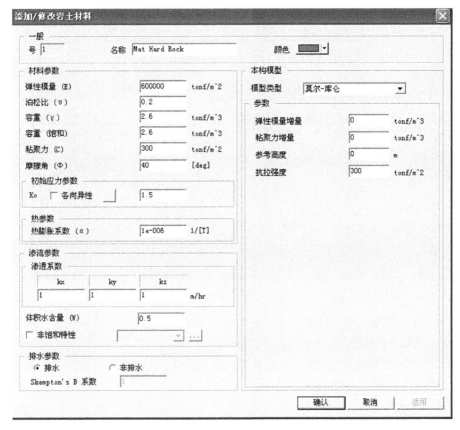

图 11-114　材料属性设置

(21)在"添加/修改实体属性"对话框里确认"材料"指定为"Mat Hard Rock"。

(22)点击 添加 。

(23)在"属性"对话框里确认生成"Hard Rock"属性。

如图 11-115 和图 11-116 所示。

(24)在"属性"对话框里点击 添加 ▼ 右侧的 ▼ 按钮。

(25)选择"平面"。

(26)在"添加/修改平面属性"对话框里确认号指定为"2"。

(27)在"名称"里输入"Shotcrete"。

(28)确认"单元类型"指定为"板"。

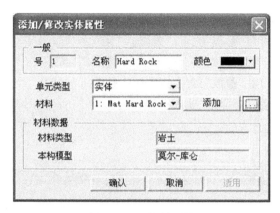

图 11-115　材料设置

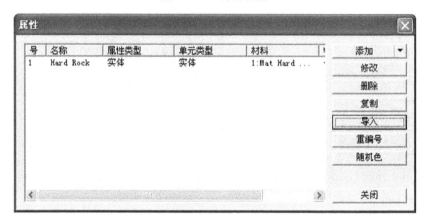

图 11-116　单元设置

（29）为了生成喷射混凝土的材料点击材料右侧的 添加 按钮。

（30）在"添加/修改结构材料"对话框里确认号处输入"2"。

（31）在"添加/修改结构材料"对话框里名称处输入"Mat Hard S/C"。

（32）"弹性模量（E）"处输入"1.5e6"。

（33）"泊松比（ν）"处输入"0.2"。

（34）"重量密度（γ）"处输入"2.4"。

（35）点击 确认 。

第二种材料设置如图 11-117 所示。

（36）在"添加/修改平面属性"对话框里确认材料指定为"Mat Hard S/C"。

（37）为了生成喷射混凝土的特性点击特性右侧的 添加 。

（38）在"添加/修改特性"对话框里确认已选择 plane 表单。

（39）在"添加/修改特性"对话框里确认号处输入"1"。

（40）在"添加/修改特性"对话框里"名称"号处输入"Prop S/C"。

（41）确认"类型"指定为"厚度"。

（42）"厚度"处输入"0.16"。

（43）点击 确认 。

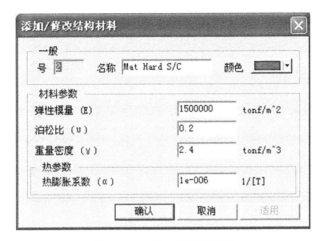

图 11-117 第二种材料设置

单元厚度设置如图 11-118 所示。

图 11-118 单元厚度设置

(44)在"添加/修改平面属性"对话框里确认特性处指定为"Prop S/C"。

(45)点击 ┃ 确认 ┃ 。

(46)在"属性"对话框里确认生成"Shotcrete"属性。

混凝土模型设置如图 11-119 所示。

(47)在"属性"对话框里点击 ┃ 添加 ▼┃ 右侧的 ▼ 按钮。

(48)选择"线"。

图 11-119　混凝土模型设置

（49）在"添加/修改线属性"对话框里确认号处指定为"3"。

（50）"名称"处输入"Rock Bolt"。

（51）将"单元类型"指定为"植入式桁架"。

（52）为生成锚杆的材料点击"材料"右侧的 ▢添加 按钮。

（53）在"添加/修改结构材料"对话框里"确认"处输入"3"。

（54）在"添加/修改结构材料"对话框里"名称"处输入"Mat R/B"。

（55）"弹性模量(E)"处输入"2.0e7"。

（56）"泊松比(ν)"处输入"0.3"。

（57）"重量密度(γ)"处输入"7.85"。

（58）点击 ▢确认 。

混凝土参数设置如图 11-120 所示。

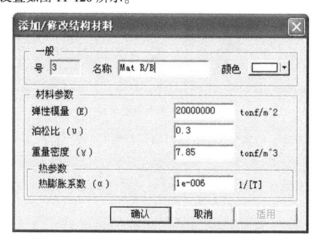

图 11-120　混凝土参数设置

（59）在"添加/修改线属性"对话框里"材料"处指定为"Mat R/B"。

（60）为生成锚杆的特性点击"特性"右侧的 添加 按钮。

（61）在"添加/修改特性"对话框里"确认"指定为 Line 表单。

（62）在"添加/修改特性"对话框里"确认"处输入"2"。

（63）"名称"处输入"Prop R/B"。

（64）确认"类型"指定为"桁架/植入式桁架"。

（65）勾选对话框下端的"截面库"。

（66）点击 截面库 。

（67）"截面库"对话框里指定"圆形"。

（68）在"D"里输入"0.025"。

（69）确认"偏移"指定为"中-中"。

（70）在"截面库"对话框里点击 确认 。

（71）在"添加/修改特性"对话框里确认是否自动输入为截面积。

（72）在"添加/修改特性"对话框里点击 确认 。

如图 11-121 和图 11-122 所示。

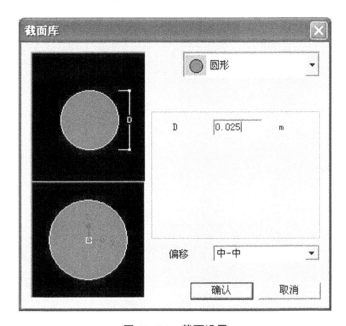

图 11-121　截面设置

（73）在"添加/修改线属性"对话框里确认"特性"处指定为"Prop R/B"。

（74）点击 确认 。

（75）在"属性"对话框里确认已生成"Rock Bolt"属性。

如图 11-123 和图 11-124 所示。

图 11-122　材料特性

图 11-123　单元属性设置

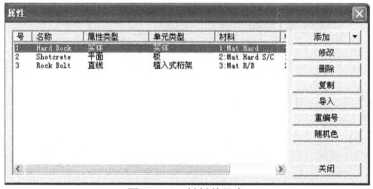

图 11-124　材料单元表

11.3.4　建立几何模型

11.3.4.1　打开 DXF 文件

通过 DXF 文件打开模型形状。

(1)在主菜单里选择"文件>导入>DXF 2D(线框)……"。

(2)点击 ╟ 选择AutoCAD的DXF文件 ╢ 。

(3)选择"GTS 基础例题 3_主隧道.DXF"文件点击 ╟ 打开(0) ╢ 。

(4)在"移动的 DY"处输入"10"。

(5)"形状类型"处指定为"群"。

为了便于管理将导入后的形状捆绑成群。

(6)"名称"处输入"主"。

(7)点击 ▦ 预览按钮确认是否正常导入了对象形状。

(8)点击 ╟ 确认 ╢ 。

(9)在主菜单里选择"文件>导入>DXF 2D(线框)……"。

(10)点击 ╟ 选择AutoCAD的DXF文件 ╢ 。

(11)选择"GTS 基础例题 3_避难隧道.DXF"文件点击 ╟ 打开(0) ╢ 。

(12)在"移动的 DY"处输入"10"。

(13)"形状类型"处指定为"群"。

(14)"名称"处输入"避难"。

(15)点击 ▦ 预览按钮确认是否正常导入了对象形状。

(16)点击 ╟ 确认 ╢ 。

(17)在不进行任何选择的状态下在模型窗口的空白处点击鼠标右键调出关联菜单。

(18)选择 ▦ 开关栅格。

此模型中基本上不会用到栅格,所以关闭会更方便。模型窗口里点击鼠标右键>开关栅格。

模型建立如图 11-125 所示。

图 11-125 为主隧道模型.DXF 文件,包含主隧道的截面形状和锚杆,图 11-126 为避难隧道模型.DXF 文件,包含避难隧道的截面形状和锚杆。但是通过两个文件导入的截面形状下边的线并不一致。以后为了利用粘贴(Attach)命令对齐下边的线,在工作平面坐标系(Work Plane Coordinate)里沿着 Y 轴平行移动 10 的状态下打开文件。

图 11-125　模型建立

11.3.4.2　粘贴

利用粘贴功能统一隧道截面形状下边的线。

(1)在主菜单里选择"几何>转换>粘贴形状…"。

(2) ╟ 选择粘贴形状 ╢ 状态下在选择工具条里点击 ▦ 已显示选择群

"主"和"避难"。

（3）点击 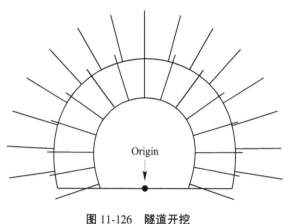 选择目标形状 。

（4）在选择工具条的"选择过滤"里将"实体（L）"转换为"顶点（V）"。

（5） 选择目标形状 状态下在工作目录树里选择"基准>原点"。

（6）点击 预览按钮确认对象形状是否以原点适当的粘贴。

点击预览按钮但在画面上无法显示所有的对象时，在视图工具条里点击 前视图。

（7）点击 确认 。

隧道开挖如图 11-126 所示。

由于无法准确地掌握隧道截面形状之间的距离，所以通过选择原点进行粘贴同一隧道截面形状下边的线。

11.3.4.3 转换

使用转换命令将隧道的截面形状移动到指定的位置。

（1）在视图工具条里点击 等轴测视图。

（2）在主菜单里选择"几何>转换>移动复制…"。

图 11-126 隧道开挖

（3）确认"指定"为"方向 & 距离"。

（4） 选择对象形状 状态下选择工作目录树的"几何>形状组合>主"。

（5）点击 选择方向 。

（6）确认"选择过滤"指定为"基准轴（A）"。

（7） 选择方向 状态下选择工作目录树的"基准>Y-轴"。

（8）确认"指定"为"移动"。

（9）"间距"处输入"-30"。

（10）点击 预览按钮查看是否适当的移动了对象形状。

点击预览按钮但画面上无法显示全部模型时，在视图工具条里点击 全部缩放。

（11）点击 确认 。

（12）在主菜单里选择"几何>转换>旋转…"。

（13）确认"指定"为"轴 & 角度"表单。

（14） 选择对象形状 状态下选择工作目录树的"几何>形状组合>避难"。

（15）点击 选择旋转轴 。

（16）确认"选择过滤"指定为"基准轴（A）"。

（17） 选择旋转轴 状态下选择工作目录树的"基准>Z-轴"。

（18）确认"指定"为"移动"。

(19)"角度"处输入"90"。

(20)点击 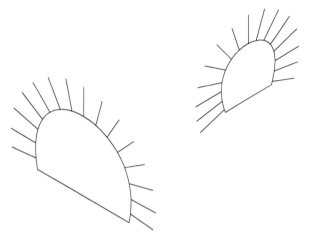 预览按钮查看是否适当的旋转了对象形状。

(20)点击 预览按钮查看是否适当的旋转了对象形状。

(21)点击 确认 。

交叉洞室断面如图 11-127 所示。

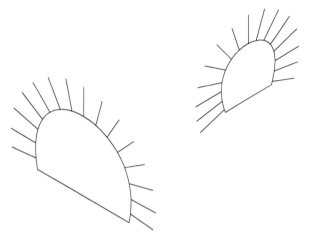

图 11-127   交叉洞室断面

11.3.4.4   分解、建立几何组

将锚杆从群里分解为线后,为了便于管理将其注册到几何组里。

(1)在工作目录树里选择"几何>形状组合>避难"。

(2)点击鼠标右键调出关联菜单。

(3)选择"隐藏"。

(4)在主菜单里选择"几何>分解..."。

(5) 选择将分解的形状 状态下在模型窗口里选择形状组合"主"。

(6)确认分解等级指定为"子形状"。

群只是单纯的对象的集合,想分解的时候以下一等级形状形式分解即可。

(7)确认勾选删除原形状。

(8)点击 确认 。

(9)在视图工具条里选择 前视图。

(10)在工作目录树里选择"几何>几何选择组"。

(11)点击鼠标右键调出关联菜单。

(12)点击"新几何组"。

(13)删除"新几何组"后输入"主 Rock Bolt"按回车键。

(14)在工作目录树里选择"几何>几何选择组>主 Rock Bolt"。

(15)点击鼠标右键调出关联菜单。

(16)选择"几何组>项的添加/删除"。

(17)确认"指定"为"包括"。

(18)在选择工具条里点击 多段线。

（19）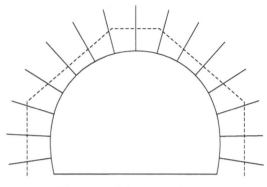 状态下参考图 11-128 画多段线来选择主隧道的 15 个锚杆。

（20）点击 确认 。

分解、建立几何组如图 11-128 所示。

生成几何组后将形状注册到几何组中，选择几何组时可以一次性的选择所有注册到几何组里的形状。如果修改了注册到几何组里的形状，那么它就会从几何组里被筛选出来，所以需要重新注册一下。

图 11-128 分解、建立几何组

避难隧道的锚杆也是生成几何组后进行注册。

（21）在工作目录树里选择"几何>形状组合>避难"。

（22）点击鼠标右键调出关联菜单。

（23）选择"仅显示"。

（24）在视图工具条里点击 右视图。

（25）在主菜单里选择"几何>分解…"。

（26） 选择将分解的形状 状态下模型窗口里选择形状组合"避难"。

（27）确认"分解等级指定"为"子形状"。

（28）确认勾选"删除原形状"。

（29）点击 确认 。

（30）在工作目录树里选择"几何>几何形状组"。

（31）点击鼠标右键调出关联菜单。

（32）点击"新几何组"。

（33）删除"新几何组"后输入"避难 Rock Bolt"按回车键。

（34）在工作目录树里选择"几何>几何选择组>避难 Rock Bolt"。

（35）点击鼠标右键调出关联菜单。

（36）选择"几何组>项的添加/删除"。

（37）确认"指定"为"包括"。

（38）在选择工具条里点击 多段线。

（39） 选择形状 状态下参考图 11-129 生成多段线以选择避难隧道的 15 个锚杆。

（40）点击 确认 。

如图 11-129 所示。

（41）在工作目录树里选择"几何"。

（42）点击鼠标右键调出关联菜单。

（43）选择"显示全部"。

（44）在工作目录树里选择"几何>几何选择组>主 Rock Bolt"和"避难 Rock Bolt"。

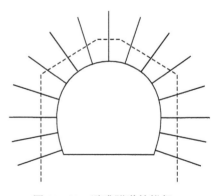

图 11-129 避难隧道的锚杆

（45）点击鼠标右键调出关联菜单。

（46）选择"隐藏"。

11.3.4.5 生成线组

在下一阶段中利用扩展功能将隧道的截面形状扩展成实体。因此先将隧道的截面形状生成闭合的线组。

（1）在视图工具条里点击 ⬚ 等轴测视图。

（2）在主菜单里选择"几何>曲线>生成线组……"。

（3）确认"方法"指定为"多个个体"。

（4）参考图 11-130 选择构成主隧道截面形状的 Edge A 的 4 个线。

（5）点击 适用 。

（6）"方法"指定为"单一个体"。

若指定为多个体,则选中的线被捆绑成一个线组;若指定为单一个体,则与该条线首尾相连的线都将被捆绑成一个线组。

（7）选择任意一个构成避难隧道截面形状的线。

（8）点击 适用 。

（9）点击 取消 。

（10）选择工作目录树的"几何>曲线"紧靠下端的第二个线组。

（11）按键盘的 F2 键。

（12）输入"主隧道 Sectional"按回车键。

（13）选择工作目录树的"几何>曲线紧靠下端的线组"。

（14）按键盘的 F2 键。

（15）输入"避难隧道 Sectional"按回车键。

新生成的形状按顺序注册到工作目录树下边。于是两个线组中,上边的为主隧道的线组,下边的为避难隧道的线组。

如图 11-130 所示。

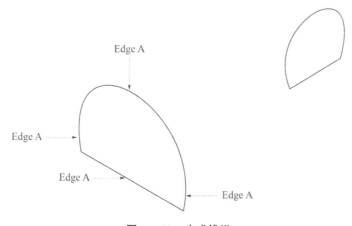

图 11-130　生成线组

11.3.4.6 矩形

用矩形线组来模拟整个岩土部分。

(1)在主菜单里选择"几何>工作平面>移动…"。

若显示栅格则可以直观地查看工作平面的位置,操作上更便利些。因此在移动工作平面之前显示栅格,在下一阶段里生成矩形后不显示栅格较好。

(2)选择"移动 & 旋转"表单。

(3)"DY"处输入"-30"。

(4)点击 确认 。

(5)在"视图"工具条里点击 ⊞ 法向。

(6)点击"动态视图"工具条的 缩放(Ctrl+LB)。

(7)为了准确地查看生成的岩土形状适当的放大画面。

由于岩土的形状比隧道的半径大 4~5 倍,参考着缩放到一定的大小。

(8)在主菜单里选择"几何>曲线>在工作平面上建立>二维矩形(线组)……"。

(9)在矩形对话框里确认输入一个角点。

(10)确认"方法指定"为"坐标 x,y"。

(11)"位置"处输入"-50,45"后按回车键。

(12)矩形对话框里查看输入对角点。

(13)确认"方法指定"为"相对距离 dx,dy"。

(14)"位置"处输入"64,-80"按回车键。

(15)点击 取消 。

(16)选择工作目录树的"几何>曲线">"矩形"。

(17)按键盘的 F2 键。

(18)输入"岩土 Sectional"后按回车键。

(19)在视图工具条里点击 ⬠ 等轴测视图。

11.3.4.7 扩展

利用生成的隧道截面形状线组和矩形线组生成实体和壳。

(1)在主菜单里选择"几何 >生成几何体>扩展…"。

(2)将指定为"Face(F)"的选择过滤转换为"线组(W)"。

(3) [选择扩展形状] 状态下在工作目录树里选择工作目录树>Curve >"主隧道 Sectional"。

(4)点击 [选择扩展方向] 。

(5) [选择扩展方向] 状态下在工作目录树里选择基准>"Y 轴"。

(6)"长度"处输入"60"。

(7)勾选"实体"。

(8)"名称"处输入"主隧道"。

(9)点击 预览按钮确认扩展的形状。

（10）点击 **适用** 。

（11）将指定为"Face（F）"的选择过滤转换为"线组（W）"。

（12） **选择扩展形状** 状态下在工作目录树里选择"工作目录树>曲线>岩土 Sectional"。

（13）点击 **选择扩展方向** 。

（14） **选择扩展方向** 状态下在工作目录树里选择"基准>Y-轴"。

（15）确认"长度"处输入"60"。

（16）确认勾选"实体"。

（17）"名称"处输入"岩土"。

（18）点击 预览按钮确认突出的形状。

（19）点击 **适用** 。

即使同时扩展主隧道的截面和岩土的截面也无防,但是为了分别赋于名称分别扩展。

（20）将指定为"Face（F）"的选择过滤转换为"线组（W）"。

（21） **选择扩展形状** 状态下在工作目录树里选择"工作目录树>曲线>避难隧道 Sectional"。

（22）点击 **选择扩展方向** 。

（23） **选择扩展方向** 状态下在工作目录树里选择"基准>X-轴"。

（24）"长度"处输入"20"。

（25）确认勾选"实体"。

打算利用从岩土里分割避难隧道形状的方法生成避难隧道。在分割实体的过程中利用实体的轮廓面来分割其他的实体较安全。

（26）"名称"处输入"避难隧道"。

（27）点击 预览按钮确认扩展的形状。

（28）点击 **确认** 。

（29）在工作目录树里选择"几何>曲线"。

（30）点击鼠标右键调出关联菜单。

（31）选择"隐藏"。

由于不会再使用曲线,所以隐藏起来。

（32）在工作目录树里选择"几何>实体>岩土"。

（33）点击鼠标右键调出关联菜单。

（34）选择"显示模式>线框架"。

扩展如图 11-131 所示。

11.3.4.8　嵌入

分离主隧道和岩土部分。

（1）在主菜单里选择"几何 >实体>嵌入..."。

（2） **选择主对象** 状态下选择工作目录树的"几

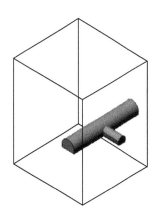

图 11-131　扩展

何>实体">"岩土"。

（3）![选择次目标]状态下选择工作目录树的"几何>实体>主隧道"。

（4）确认勾选"删除原形状"。

若指定为删除初始形状，则执行操作后形状显示模式会自动指定到明暗且显示线。

（5）点击 ![] 预览按钮确认嵌入的形状。

（6）点击 ![确认] 。

分离主隧道和岩土如图11-132所示。

嵌入功能是计算两个实体的交集部分，通过将次目标实体的形状从主对象实体里删除的方法来分离两实体。

11.3.4.9 分割实体

为了生成避难隧道的形状分割岩土部分的实体。由于在上一阶段已将避难隧道的形状生成为壳，所以在岩土部分的实体里利用壳将隧道部分的实体分离出来。

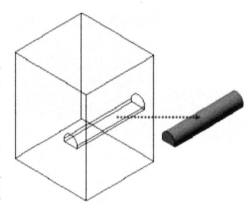

图11-132 分离主隧道和岩土

（1）在主菜单里选择"几何 >实体>分割..."。

（2）![选择分割的实体]状态下在工作目录树里选择"几何>实体>岩土"。

（3）确认选择"分割面"指定为"选择分割曲面"。

（4）点击 ![? 选择辅助曲面] 。

（5）将指定为"面（F）"的选择过滤转换为"壳（H）"。

（6）![选择辅助曲面]状态下在模型窗口里选择"避难隧道"。

（7）勾选"分割相邻实体的面"。

（8）![选择相邻形状]状态下在工作目录树里选择"几何>实体>主隧道"。

选择实体的轮廓面执行分割实体命令。像这样使用对象形状的子形状操作时在工作目录树里无法进行选择。

（9）确认勾选"删除原形状"。

（10）点击 ![] 预览按钮确认分割后的形状。

（11）点击 ![确认] 。

分割实体1如图11-133所示。

为了使连接隧道从岩土里分割之后也能保证岩土及主隧道、避难隧道共同接触在同一面上，故使用分割相邻实体的面选项。此模型中是在岩土和主隧道相交在同一面上的状态下从岩土的实体里分割避难隧道的。这个过程中主隧道的形状与岩土相交的面会发生变化。此时如果将相邻的面选择为主隧道，那么对于主隧道的侧面程序也会利用避难隧道的形状自动分割，各接触面里就可以得到节点耦合的网格。分割实体2如图11-134所示。

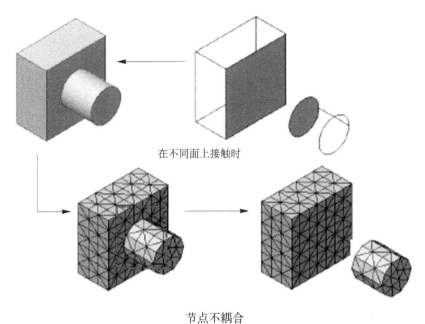

在不同面上接触时

节点不耦合

图 13-133 分割实体 1

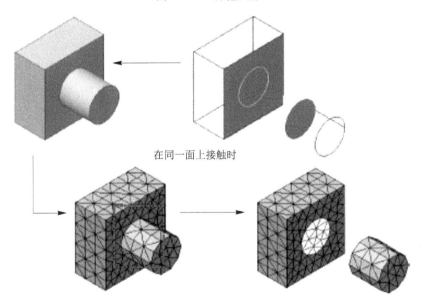

在同一面上接触时

节点耦合

图 13-134 分割实体 2

11.3.4.10 矩形,转换,分割实体

为了定义施工阶段应先分割实体,在此先生成分割面。

(1)在视图工具条里点击 ⊞ 法向。

(2)在工作目录树里选择"几何>实体>岩土-1"。

(3)按键盘的 F2 键。

（4）删除"岩土-D1"后输入"避难隧道"。

（5）在工作目录树里选择"几何>实体>避难隧道"。

（6）点击鼠标右键调出关联菜单。

（7）选择"显示模式>明暗且显示线"。

（8）在工作目录树里选择"几何>实体>岩土-D2"。

（9）按键盘的 F2 键。

（10）删除"岩土-D2"后输入"岩土"。

（11）在主菜单里选择"几何>曲线>在工作平面上建立>二维矩形（线组）……"。

（12）勾选"生成面"。

（13）在捕捉工具条里关闭 🔍 仅拾取捕捉按钮。

在按住仅拾取捕捉按钮的状态下使用（开）捕捉的过程中为了避免误选捕捉点，所以定义为只能点击可捕捉的位置，如果到目前为止正确的操作了例题，那么顶点捕捉和中点捕捉应是激活状态，此状态下仅拾取捕捉没有关，点击任意位置是无法生成矩形的。

（14）参考图 11-135 里的面，任意生成比主隧道截面形状大很多的矩形面。

（15）点击 取消 。

（16）视图工具条里点击 📦 等轴测视图。

（17）工作目录树里选择"几何>曲面>矩形"。

（18）主菜单里选择"几何>转换>移动复制…"。

（19）确认"指定"为"方向 & 距离"。

（20）确认"选择过滤"指定为"基准轴（A）"。

（21） ➡️ 选择方向 状态下选择工作目录树的"基准>Y-轴"。

（22）指定"等间距复制"。

（23）"距离"处输入"2"。

（24）"复制次数"处输入"29"。

（25）点击 🖼 预览按钮确认复制移动的对象形状。

（26）点击 确认 。

矩形、转换、分割实体如图 11-135 所示。利用生成的分割面分割实体。

（27）主菜单里选择"几何>实体>分割…"。

（28） ➡️ 选择分割的实体 状态下在工作目录树里选择"几何>实体">"主隧道"。

（29）确认选择"分割面"指定为"选择分割曲面"。

（30）点击 ❓ 选择辅助曲面

（31） ➡️ 选择辅助曲面 状态下在工作目录树里选择除"几何>曲面"里最上面的矩形外的剩余"矩形"。

需选择 29 个面。

（32）勾选"分割相邻实体的面"。

（33）点击 ❓ 选择相邻形状 。

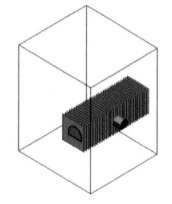

图 11-135　矩形、转换、分割实体

（34）![选择相邻形状] 状态下在工作目录树里选择"几何>实体>岩土"和"避难隧道"。

（35）确认勾选删除原形状。

（36）点击 ![预览] 预览按钮确认分割的对象形状。

（37）点击 ![确认] 。

（38）工作目录树里选择全部的"几何>曲面>矩形"。

（39）按键盘的【Delete】键。

（40）出现删除对话框的话点击 ![确认] 。

为了防止使用过的面混乱，所以将其删除。

在避难隧道里为了定义施工阶段重复类似的操作。

（41）主菜单里选择"几何>工作平面>移动..."。

（42）选择"三顶点平面"表单。

（43）参考图 11-136 在"原点"里指定点 1。

若选择 3 点平面，那么顶点捕捉和中点捕捉会自动激活。

（44）参考图 11-136 在"X-轴"里指定点 2。

（45）参考图 11-136 在"平面"里指定点 3。

（46）点击 ![确认] 。

（47）视图工具条里点击 ![法向] 法向。

（48）主菜单里选择"几何>曲线>在工作平面上建立>二维矩形(线组)......"。

（49）捕捉工具条里点击 ![关闭] 关闭所有捕捉。

（50）勾选"生成面"。

（51）参考图 11-136 里的面，任意生成比避难隧道的截面形状大很多的矩形面。

定义施工阶段 1 如图 11-137 所示。

（52）视图工具条里点击 ![等轴测视图] 等轴测视图。

（53）主菜单里选择"几何>转换>移动复制..."。

（54）确认指定为"方向 & 距离"。

（55）![选择对象形状] 状态下选择工作目录树的"几何>曲面>矩形"。

（56）点击 ![选择方向] 。

（57）确认选择过滤指定为"基准轴(A)"。

（58）![选择方向] 状态下选择工作目录树的"基准>X-轴"。

（59）指定"等间距复制"。

（60）"距离"处输入"-2"。

（61）"复制次数"里输入"3"。

（62）点击 ![预览] 预览按钮确认移动复制的对象形状。

（63）点击 ![确认] 。

定义施工阶段 2 如图 11-137 所示。

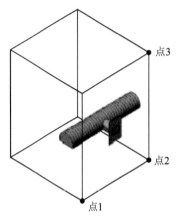

图 11-136　定义施工阶段 1

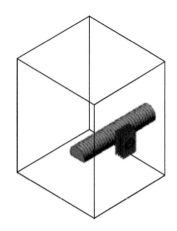

图 11-137　定义施工阶段 2

（64）主菜单里选择"几何>实体>分割…"。

（65）　选择分割的实体　状态下在工作目录树里选择"几何>实体>避难隧道"。

（66）确认选择分割面指定为选择分割曲面。

（67）点击　选择辅助曲面　。

（68）　选择辅助曲面　状态下在工作目录树里选择除"几何>曲面"最上面的矩形外的剩余"矩形"。

需选择 3 个面。

（69）确认勾选"分割相邻实体的面"。

（70）点击　选择相邻形状　。

（71）　选择相邻形状　状态下在工作目录树里选择几何>实体>"岩土"。

（72）确认勾选"删除原形状"。

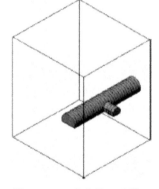

（73）点击　　预览按钮确认分割的对象形状。

（74）点击　确认　。

定义施工阶段 3 如图 11-138 所示。

（75）重复步骤（37）到（39）的删除没有用的矩形。

图 11-138　定义施工阶段 3

11.3.5　生成网格

11.3.5.1　网格尺寸控制，自动划分实体网格，重新命名网格组

利用自动划分网格规则生成 Tetra 形态的三维网格。在此生成网格之前为了获取更精密的网格，对于主要的部分事先指定单元的尺寸。

（1）主菜单里选择"网格>网格尺寸控制>线…"。

（2）　请选择线　状态下参考图 11-139 选择 Edge A 和 Edge B。

（3）"播种方法"指定为"线性梯度（长度）"。

（4）"SLen"处输入"9"。

（5）"ELen"处输入"2"。

（6）勾选"对称播种"。

（7）点击 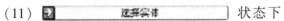 预览按钮在选中的线上确认生成的节点位置。

（8）点击 【确认】 。

生成网格如图 11-139 所示。

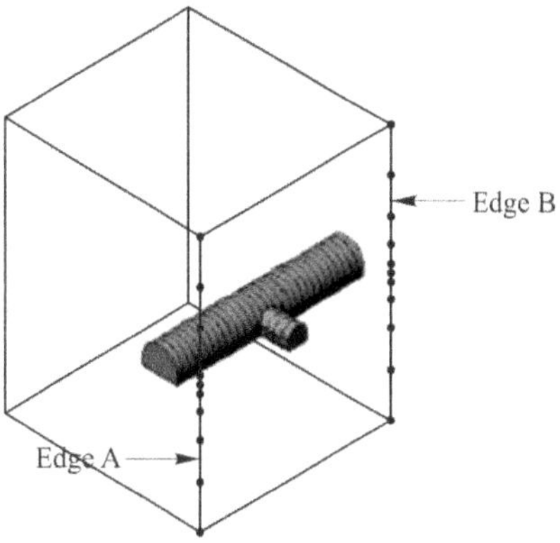

（9）视图工具条里点击 🗊 等轴测视图。

（10）主菜单里选择"网格 > 自动划分网格 > 实体..."。

（11） ➡️ 　　选择实体　　 状态下选择工作目录树的几何 > 实体里的全部"主隧道"。

图 11-139　生成网格

需选择 30 个实体。

（12）"网格尺寸"以单元尺寸输入"2"。

（13）确认"属性"为"1"。

（14）勾选"独立注册各实体"。

若勾选独立注册各网格,生成的网格会独立注册各实体网格的网格组。

（15）确认勾选"合并节点"。

（16）确认勾选"耦合相邻面"。

（17）确认勾选"划分网格后隐藏对象实体"。

（18）点击 🗊 预览按钮确认生成的网格。

（19）点击 【确认】 。

如果适当的指定了网格(网格组)的名称,那么就可以利用施工阶段的建模助手便利地定义施工阶段。

（20）主菜单里选择"网格 > 网格组 > 重新命名......"。

（21）视图工具条里选择 🗊 右视图。

（22） ➡️ 　　选择网格组　　 状态下选择工具条里点击 🔡 已显示。

（23）"选择顺序"指定为"坐标顺序"。

（24）"坐标系"指定为"整体直角"。

（25）确认"lst"指定为"Y"。

（26）"命名方法"里"名称"处输入"主隧道"。

（27）确认"后缀起始号"输入"1"。

（28）点击 【确认】 。

指定网格组如图 11-140 所示。

生成避难隧道的网格。

（29）工作目录树里选择网格组后点击鼠标右键调出关联菜单。

（30）选择"隐藏全部"。

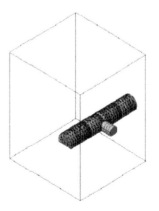

图 11-140　指定网格组

（31）主菜单里选择"网格>自动划分网格>实体……"。

（32）█ 选择实体 ████ 状态下选择工作目录树的几何>实体全部的避难隧道。

（33）"网格尺寸"以单元尺寸输入"2"。

（34）确认"属性号"输入"1"。

（35）勾选"独立注册各实体"。

（36）确认勾选"合并节点"。

（37）确认勾选"耦合相邻面"。

（38）确认勾选"划分网格后隐藏对象实体"。

（39）点击 █ 预览按钮确认生成的网格。

（40）点击 █确认█ 。

与前面一样命名避难隧道的网格。

（41）主菜单里选择"网格>网格组>重新命名……"。

（42）视图工具条里选择 █ 前视图。

（43）█ 选择网格组 ████ 状态下在选择工具条里点击 █ 已显示选择上一阶段生成的 4 个网格组。

（44）"排序方法"指定为"坐标顺序"。

（45）"坐标系"指定为"整体直角"。

（46）确认"1st"指定为"X"。

（47）"命名方法"里名称处输入"避难隧道"。

（48）确认"后缀起始号"输入"1"。

（49）点击 █确认█ 。

生成避难隧道的网格如图 11-141 所示。

（50）主菜单里选择"网格>自动划分网格>实体……"。

（51）█ 选择实体 ████ 状态下选择 工作目录树的"几何>实体>岩土"。

（52）"网格尺寸"选择单元尺寸输入"9"。

（53）确认"属性"为"1"。

（54）确认勾选"合并节点"。

（55）"网格组"里删除"自动网格（实体）"后输入"岩土"。

（56）确认勾选"耦合相邻面"。

（57）确认勾选"划分网格后隐藏对象实体"。

（58）点击 █ 预览按钮确认生成的网格。

（59）点击 █确认█ 。

（60）工作目录树里选择"网格>网格组"点击鼠标右键调出"关联菜单"。

（61）选择"排序>名称顺序"。

生产岩体网格如图 11-142 所示。

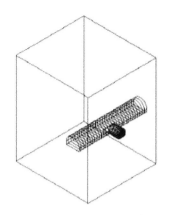

图 11-141　生成避难隧道的网格

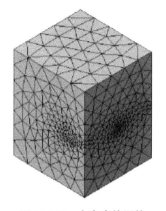

图 11-142　生产岩体网格

11.3.5.2　析取单元，删除单元，重新命名网格组

为了使生成的单元和节点耦合，利用析取的方法生成喷射混凝土单元并命名。

(1)视图工具条里选择 前视图。

(2)工作目录树里选择网格点击鼠标右键调出关联菜单。

(3)选择"隐藏全部"。

(4)在工作目录树的"几何>实体"里选择"全部主隧道和避难隧道"后点击鼠标右键。

(5)选择"仅显示"。

(6)主菜单里选择"模型>单元>析取单元……"。

(7)确认"析取形状"指定为"面"。

(8) 　❓ [　请选择面　] 　状态下点击 ⊞ 已显示选择隧道形状的全部轮廓截面。

需选中 221 个面。

(9)勾选忽略重复面。

以画面上显示的模型为基准检查重复的面，在析取单元的过程中会忽略重复的面。依现在的模型状况来看，显然各施工阶段的边界面都被选中了，但是由于是会检查重复面，所以不会生成喷射混凝土，而只在目前能够看到的隧道的最外侧边界面上生成喷射混凝土单元。

(10)勾选基于主形状注册。

(11)点击 [确认] 。

(12)工作目录树里选择"几何>实体"点击鼠标右键调出关联菜单。

(13)选择"隐藏全部"。

析取单元，删除单元，重新命名网格组如图 11-143 所示。

删除不使用的喷射混凝土单元。

(14)视图工具条里选择 前视图。

(15)主菜单里选择"模型>单元>删除……"。

(16) 　➡ [　选择单元　] 　状态下参考图 11-144 像 A 和 B 形状一样拖动模型窗口选择单元。

图 11-143 析取单元，删除单元，重新命名网格组

需选择 433 个单元。

(17) 点击 适用 。

(18) 视图工具条里选择 🔲 右视图。

(19) ⏩ 选择单元 状态下参考图 11-145 像 C 形状一样拖动模型窗口选择单元。

以画面上显示的模型为基准检查重复的面，在析取单元的过程中会忽略重复的面。依现在的模型状况来看，显然各施工阶段的边界面都被选中了，但是由于会检查重复面，所以不会生成喷射混凝土，而只在目前能够看到的隧道的最外侧边界面上生成喷射混凝土单元。

(20) 点击 确认 。

如图 11-144 和图 11-145 所示。

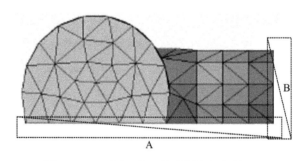

图 11-144 删除不使用的喷射混凝土单元 1

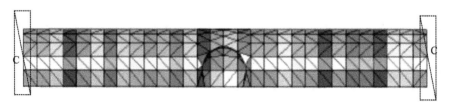

图 11-145 删除不使用的喷射混凝土单元 2

命名生成的喷射混凝土的网格组(Shotcrete Mesh Set)。

(21)主菜单里选择"网格> 网格组>重新命名……"。

(22)视图工具条里选择　　前视图。

(23) 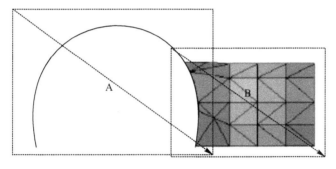（此处为图标）状态下参考图11-146像A形状一样拖动模型窗口选择主隧道的全部喷射混凝土网格组。

(24)"排序方法"指定为"坐标顺序"。

(25)"坐标系"指定为"整体直角"。

(26)确认"1st"指定为"Y"。

(27)"命名方法"里名称处输入"主S/C"。

(28)确认"后缀起始号"输入"1"。

(29)点击　适用　。

命名网格组如图11-146所示。

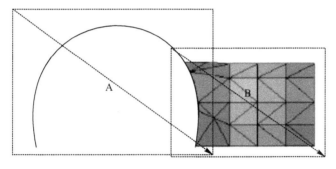

图 11-146　命名网格组

(30) 选择网格组 状态下参考图11-146像B的形状一样拖动模型窗口选择避难隧道的Shotcrete Mesh Set。

(31)"排序方法"指定为"坐标顺序"。

(32)"坐标系"指定为"整体直角"。

(33)确认"1st"指定为"X"。

(34)"命名方法"里名称处输入"避难S/C"。

(35)确认"后缀起始号"处输入"1"。

(36)点击　确认　。

喷射混凝土的网格组如图11-147所示。

11.3.5.3　自动划分线网格，网格转换

生成锚杆单元。由于这里使用的锚杆是植入式桁架单元,所以不需要节点耦合。生成单元后复制移动到指定的锚杆的位置。

(1)视图工具条里点击　等轴测视图。

(2)工作目录树里选择"网格"。

(3)点击鼠标右键调出关联菜单。

(4)选择"隐藏全部"。

图 11-147 喷射混凝土的网格组

(5) 工作目录树里选择几何>几何组>"主 Rock Bolt""避难 Rock Bolt"。

(6) 点击鼠标右键调出关联菜单。

(7) 选择"仅显示"。

(8) 主菜单里选择"网格>自动划分网格>线……"。

(9) [请选择线] 状态下在工作目录树里选择几何>几何组>"主 Rock bolt"。

选择几何组,那么可以一次性地选择相应的组里包含的几何关系。这里是选择注册到主几何组里的 15 个线。

(10) "播种方法"指定为"分割数量"。

(11) "分割数量"处输入"2"。

(12) 确认"属性"处输入"3"。

(13) 取消勾选"合并节点"。

(14) 点击 [确认] 。

将生成的锚杆单元复制移动到适当的位置。

(15) 主菜单里选择模型>转换>移动网格…。

(16) [选择网格] 状态下在工作目录树里选择网格>网格组>"自动划分网格(线)"。

(17) 点击 [?][选择方向] 。

(18) [选择方向] 状态下在工作目录树里选择基准>"Y-轴"。

(19) 选择"非均匀复制"。

(20) "距离"处输入"1,29@2"。

(21) 确认网格组里勾选"独立注册各网格"。

(22) 取消勾选"合并节点"。

(23) 点击 [确认] 。

(24) 工作目录树里选择网格>网格组>"自动划分网格(线)"。

（25）按键盘的【Delete】键。

命名生成的锚杆网格组（Rock Bolt Mesh Set）。

（26）主菜单里选择"网格>网格组>重新命名……"。

（27）[选择网格组] 状态下选择工具条里点击 ▦ 已显示选择显示在模型窗口上的全部网格组。

（28）"排序方法"指定为"坐标顺序"。

（29）"坐标系"指定为"整体直角"。

（30）确认"1st"指定为"Y"。

（31）"命名方法"里"名称"处输入"主 R/B"。

（32）确认"后缀起始号"输入"1"。

（33）点击 [确认] 。

生成避难隧道的锚杆网格。

（34）工作目录树里选择"网格"。

（35）点击鼠标右键调出关联菜单。

（36）选择"隐藏全部"。

（37）主菜单里选择"网格>自动划分网格>线……"。

（38）[请选择线] 状态下在工作目录树里选择"几何>几何组>避难 Rock bolt"。

选择"几何组"，那么可以一次性地选择相应的组里包含的几何关系。这里是选择注册到主几何组里的 15 个线。

（39）"播种方法"指定为"分割数量"。

（40）"分割数量"处输入"2"。

（41）确认"属性"处输入"3"。

（42）取消勾选"合并节点"。

（43）点击 [确认] 。

将生成的锚杆单元复制移动到适当的位置。

（44）主菜单里选择"模型>转换>移动网格..."。

（45）[选择网格] 状态下在工作目录树里选择"网格>网格组>自动划分网格(线)"。

（46）点击 [选择方向] 。

（47）[选择方向] 状态下在工作目录树里选择"基准>X-轴"。

（48）选择"非均匀复制"。

（49）"距离"处输入"7,3@2"。

（50）确认"网格组"里勾选"独立注册各网格"。

（51）取消勾选"合并节点"。

（52）点击 [确认] 。

（53）工作目录树选择"网格>网格组>自动划分网格(线)"。

（54）按键盘的【Delete】键。

命名生成的锚杆网格组（Rock Bolt Mesh Set）。

（55）主菜单里选择"网格>网格组>重新命名..."。

（56）![选择网格组]状态下在选择工具条里点击 📇 已显示选择显示在模型窗口上的所有的网格组。

（57）"排序方法"指定为"坐标顺序"。

（58）"坐标系"指定为"整体直角"。

（59）确认"1st"指定为"X"。

（60）"命名方法"里名称处输入"避难 R/B"。

（61）确认"后缀起始号"处输入"1"。

（62）点击 ![确认] 。

生成的锚杆如图 11-148 所示。

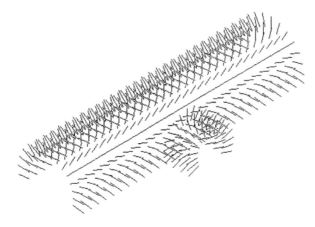

图 11-148　生成的锚杆

11.3.5.4　删除单元

由于生成的锚杆中连接避难隧道和主隧道那部分的单元没有用,所以将其删除。

（1）工作目录树里选择"网格>网格组>主 R/B"和"主 S/C"后点击鼠标右键调出关联菜单。

（2）选择"仅显示"。

（3）主菜单里选择"模型>单元>删除..."。

（4）在工具条里确认"选择过滤"指定为"单元（T）"。

（5）![选择单元]状态下参考图 11-149 选择 20 个一维锚杆单元。

（6）点击 ![确认] 。

删除单元如图 11-149 所示。

（7）工作目录树里选择"几何>实体"后点击鼠标右键调出关联菜单。

（8）选择"显示全部"。

（9）工作目录树里选择网格后点击鼠标右键调出关联菜单。

（10）选择"隐藏全部"。

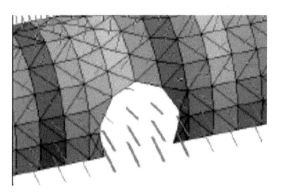

图 11-149　删除单元

11.3.6　分析

11.3.6.1　支撑

在模型里定义约束条件。

(1) 主菜单里选择"模型>边界>支撑..."。

(2) "边界组"里输入"Common Support"。

(3) "确认对象"里类型指定为"节点"。

(4) "选择过滤"指定为"Face(F)"。

(5) ![选择节点]状态下参考图 11-150 选择模型上标记的左右侧 3 个边界面。

选择面的同时可以选择面包括的节点。利用动态旋转适当地旋转进行选择。

(6) "确认模式"指定为"添加"。

(7) "DOF"里勾选"UX"。

(8) 点击 ![适用]。

(9) "确认边界组"指定为"Common Support"。

(10) "确认对象"里类型指定为"节点"。

(11) 选择"过滤"指定为"Face(F)"。

(12) ![选择节点]状态下参考图 11-151 选择模型上标记的前后 4 个面。

(13) "确认模式"指定为"添加"。

(14) "DOF"里取消勾选"UX"后勾选"UY"。

(15) 点击 ![适用]。

(16) "确认对象"里类型指定为"节点"。

(17) 选择"过滤"指定为"Face(F)"。

(18) ![选择节点]状态下参考图 11-152 选择模型上标记的 1 个底面。

(19) 确认"模式"指定为"添加"。

(20) "DOF"里取消勾选"UY"后勾选"UZ"。

(21) 点击 ![确认]。

如图 11-150~图 11-152 所示。

11.3.6.2 自重

此模型中的荷载为自重。

(1)"主菜单"里选择"模型>荷载>自重..."。

(2)"荷载组"里输入"Self Weight"。

(3)"自重系数"的"Z"里输入"-1"。

(4)点击 **确认** 。

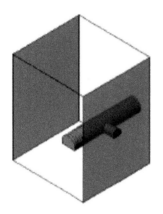 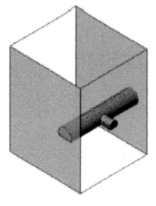 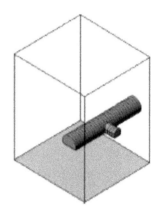

图 11-150　设置边界 UX　　　图 11-151　设置边界 UY　　　图 11-152　设置边界 UZ

11.3.6.3 施工阶段建模助手

为了利用生成的网格进行施工阶段分析,来定义施工阶段。首先设定从第一个阶段就需要激活的单元。

(1)工作目录树里选择几何点击鼠标右键调出关联菜单。

(2)选择"隐藏全部"。

(3)工作目录树里选择网格点击鼠标右键调出关联菜单。

(4)选择"显示全部"。

(5)主菜单里选择"模型>施工阶段>施工阶段建模助手..."。

(6)"设定分配原则"里点击第一个组类型选择"单元"。

(7)点击第一个组名前缀选择"主隧道"。

(8)确认"A/R"里指定为"A"。

(9)"开始阶段"里输入"0"。

(10)"阶段增量"里输入"0"。

(11)"设定分配原则里"点击第二个组类型选择"单元"。

(12)点击第二个组名前缀选择"避难隧道"。

(13)确认"A/R"里指定为"A"。

(14)"开始阶段"里输入"0"。

(15)"阶段增量"里输入"0"。

施工阶段建模助手如图 11-153 所示。

关于施工阶段建模助手的各功能的详细说明参考联机帮助。

图 11-153　施工阶段建模助手

随着施工阶段的进行选择需要删除的单元。以前面施工主隧道网格的方向 GCS Y 轴为基准通过重新命名赋予了序列号,利用这些序列号定义有关主隧道开挖的施工阶段。

(16)"单元,边界,荷载"里选择"主隧道"。

(17)拖动选中的对象到设定分配原则。

(18)点击"A/R"指定"R"。

(19)确认"开始后缀"处输入"1"。

(20)确认"后缀增量"处输入"1"。

(21)确认"开始阶段"处输入"1"。

(22)确认"阶段增量"处输入"1"。

主隧道开挖的施工阶段如图 11-154 所示。

图 11-154　主隧道开挖的施工阶段

主隧道的支护在开挖的下一阶段生成,在此定义相关的施工阶段。

(23)"单元、边界、荷载"里选择"主 R/B"。

(24)拖动选中的对象到设定分配原则。

(25)确认"A/R"指定为"A"。

(26)确认"开始后缀"处输入"1"。

(27)确认"后缀增量"处输入"1"。

(28)"开始阶段"处输入"2"。

(29)确认"阶段增量"处输入"1"。

(30)"单元、边界、荷载"里选择"主S/C"。

(31)重复步骤(25)到(29)的过程。

(32)点击 █应用分配规则█ 确认生成的施工阶段是否合适。

主隧道的支护如图11-155所示。

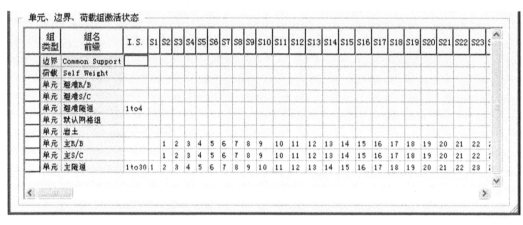

图11-155 主隧道的支护

横轴代表施工阶段的编号,纵轴代表网格组。在各施工阶段里黄格为删除的网格组的系列编号,绿格为激活的网格组的系列编号。

主隧道开挖及生成支护结束之后开始开挖避难隧道。以开挖的GCS X轴方向赋予了从001到004的序列号。

(33)"单元、边界、荷载"里选择"避难隧道"。

(34)拖动选中的对象到设定分配原则。

(35)点击"A/R"指定"R"。

(36)确认"开始后缀"里输入"1"。

(37)确认"后缀增量"里输入"1"。

(38)"开始阶段"里输入"32"。

(39)确认"阶段增量"里输入"1"。

生成避难隧道的支护。

(40)"单元、边界、荷载"里选择"避难R/B"。

(41)拖动选中的对象到设定分配原则。

(42)确认"A/R"指定为"A"。

(43)确认"开始后缀"里输入"1"。

(44)确认"后缀增量"里输入"1"。

(45)"开始阶段"里输入"33"。

(46)确认"阶段增量"里输入"1"。

(47)"单元、边界、荷载"里选择"避难S/C"。

(48)重复步骤(42)到(46)的过程。

如图 11-156 所示。

(49)点击 应用分配规则 确认生成的施工阶段。

如图 11-157 所示。

设定分配规则

	组类型	组名前缀	A/R	开始后缀	Y	结束后缀	后缀增量	开始阶段	阶段增量
	单元	主隧道	A	1			1	0	0
	单元	标准隧道	A	1			1	0	0
	单元	主隧道	R	1			1	1	1
	单元	主B/B	A	1			1	2	1
	单元	主S/C	A	1			1	2	1
	单元	标准隧道	R	1			1	32	1
	单元	标准B/B	A	1			1	33	1
	单元	标准S/C	A	1			1	33	1
*									

图 11-156　开挖避难隧道

单元、边界、荷载组激活状态

	S14	S15	S16	S17	S18	S19	S20	S21	S22	S23	S24	S25	S26	S27	S28	S29	S30	S31	S32	S33	S34	S35	S36	S37	S38	S39	S40	S4
																				1	2	3	4					
																				1	2	3	4					
																			1	2	3	4						
	13	14	15	16	17	18	19	20	21	22	23	24	25	26	27	28	29	30										
	13	14	15	16	17	18	19	20	21	22	23	24	25	26	27	28	29	30										
	14	15	16	17	18	19	20	21	22	23	24	25	26	27	28	29	30											

图 11-157　生成避难隧道的支护

对于未赋予序列号的网格组直接从单元、边界、荷载里拖动到单元、边界、荷载组激活状态里。在此操作例子中由于岩土、Common Support、Self Weight 等都没有序列号需要直接拖动后再指定。此阶段里先拖动 Common Support 和 Self Weight。

(50)“单元、边界、荷载”里选择“边界>Common Support”。

(51)拖动选中的对象到单元、边界、荷载组激活状态的 I.S.阶段。

(52)“单元,边界,荷载”里选择“荷载>Self Weight”。

(53)拖动选中的对象到单元、边界、荷载组激活状态的 I.S.阶段。

I. S.阶段是初始阶段,指初始阶段初始状态下施工以前的阶段。

如图 11-158 所示。

若没有序列号在“单元、边界、荷载组激活状态”里会标记为“-”。

(54)点击 确认 。

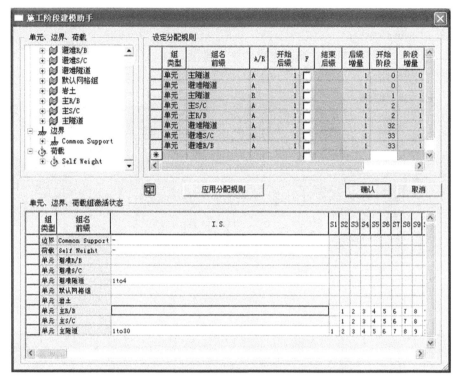

图 11-158　未赋予序列号的网格组激活

11.3.6.4　定义施工阶段

利用定义施工阶段的功能确认生成的施工阶段。

(1)主菜单里选择"模型>施工阶段>定义施工阶段…"。

(2)"定义施工阶段"对话框的中下部将"显示单元"指定为"激活"。

(3)点击"阶段号"右侧的 按钮的向下方向键,在模型窗口里会按各个施工阶段显示激活与钝化的网格组的形状。

(4)点击"阶段号"制定"1:IS"。

(5)"组数据"里选择单元>"岩土"。

(6)拖动选中的对象到激活数据。

由于岩土网格遮挡了其他的网格组,所以像这样以后定义施工阶段时可以从视觉上确认施工阶段。

(7)"定义施工阶段"对话框的下端勾选"位移清零"。

(8)点击 保存 。

(9)点击 关闭 。

11.3.6.5　分析工况

为运行分析生成分析工况。

(1)主菜单里选择"分析>分析工况…"。

(2)"分析工况"对话框里点击 添加 。

定义施工阶段相关的分析工况。

(3)添"加/修改分析工况"对话框里"名称"处输入"基础例题3"。

(4)"描述"里输入"3D CS Analysis"。

(5)"分析类型"指定为"施工阶段"。

(6)点击"分析控制"的 。

利用分析控制功能进行施工阶段分析的细部设定。

(7)确认"分析控制"对话框里选择分析控制表单。

(8)确认"最后计算阶段"指定为"最后阶段"。

(9)勾选"应力分析初始阶段"。

(10)确认"应力分析初始阶段"指定为"IS"。

(11)勾选"K_0条件"。

(12)"初始水位"里输入"-100"。

(13)点击 确认 。

如图11-159所示。

初始应力场利用第一个施工阶段IS里计算的应力进行指定,为了排除水压的影响使地下水面的高度不影响模型将其设定得非常低。

图11-159　初始应力场

(14)"添加/修改分析控制"对话框里点击 确认 。

(15)"分析工况"对话框里点击 关闭 。

如图11-160所示。

11.3.6.6　分析控制

设定分析控制。

(1)主菜单里选择"分析>一般分析控制..."。

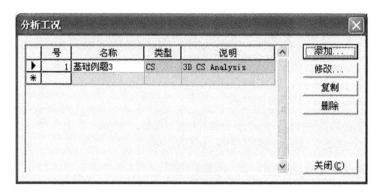

图 11-160　设置计算名称

（2）"实体单元/平面应变单元/轴对称单元输出"选项里取消勾选"内力"。

（3）"应力/应变"指定为"中心"。

（4）"非线性分析"选项里取消勾选"Constant Stiffness"。

（5）点击 ____OK____ 。

分析选项控制如图 11-161 所示。

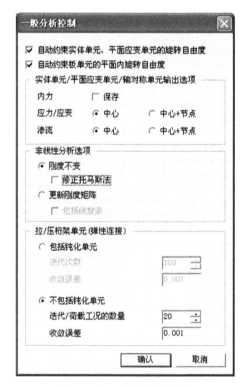

图 11-161　分析选项控制

11.3.6.7　分析

运行分析。主菜单里选择"分析>分析…"。计算分析如图 11-162 所示。

在 Output 窗口将显示分析过程中的各种信息。若产生 Warning 等警告信息，有可能导致分析结果的不正常,需要特别留意。分析信息文件的扩展名为*.OUT*,形式为文本文件;分析结果文件的扩展名为*.TA*,形式为二进制文件。所有文件都将被保存在与模型文件相同的文件夹内。

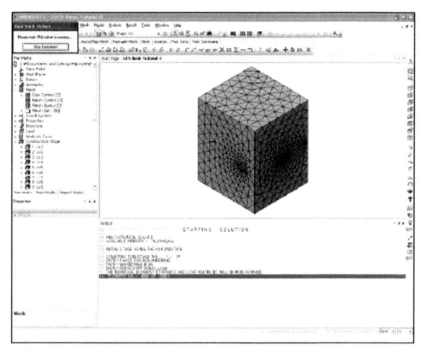

图 11-162 计算分析

11.3.7 查看分析结果

正常进行分析之后进入到后处理阶段。熟悉查看各分析结果的方法。

(1)选择工作目录树的边界。

(2)点击鼠标右键调出关联菜单。

(3)选择"隐藏全部"。

为不在画面上显示边界条件将其隐藏起来。

(4)选择工作目录树的"荷载"。

(5)点击鼠标右键调出关联菜单。

(6)选择"隐藏全部"。

(7)选择工作目录树的"几何"。

(8)点击鼠标右键调出关联菜单。

(9)选择"隐藏全部"。

(10)在不进行任何选择的状态下在模型窗口点击鼠标右键调出关联菜单。

(11)选择"隐藏基准面与工作面"。

为了清晰地处理图形结果建议隐藏建模过程中使用的信息。

11.3.7.1 位移等值线

查看分析结果中的位移。先查看 X 方向的位移。

(1)工作目录树里选择后处理表单。

(2)工作目录树里双击"CS","基础例题 3>CS36-Last Step>Displacement>DX"。

为了按各施工阶段来查看结果的变化可以在后处理数据表单里使用 ![按钮] 按钮变化 Output Set。

(3)视图工具条里选择 ![图标] 前视图。

X 方向的位移如图 11-163 所示。

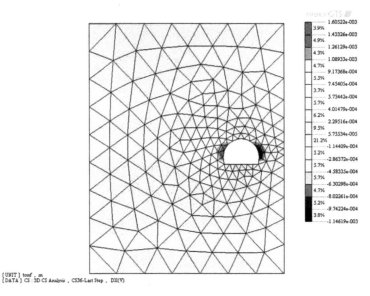

图 11-163 X 方向的位移

查看 Y 方向位移。

(4)点击后处理数据工具条右侧的 ![实时] 按钮。

为查看隧道的内空位移查看 DY。

(5)将指定为"DX"的后处理数据工具条的 Contour Data 指定为"DY"。

(6)视图工具条里点击 ![图标] 右视图。

Y 方向的位移如图 11-164 所示。

查看 Z 方向的位移。这里网格线显示为隐藏状态。

(7)将指定为"DY"的后处理数据工具条的等值线数据指定为"DZ"。

(8)选择后处理模式表单。

(9)"后处理模式"工具条里点击 ![图标] 线类型选择"无线"。

(10)"特性窗口"里选择"等值线"。

(11)双击"等值线"显示指定"True"。

(12)双击"等值线"指定"黑色"。

(13)"特性窗口"里点击 ![适用] 。

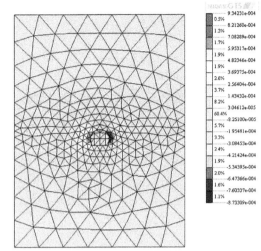

[UNIT] tonf , m
[DATA] CS : 3D CS Analysis , CS36-Last Step , DY(V)

图 11-164 Y 方向的位移

(14)视图工具条里点击 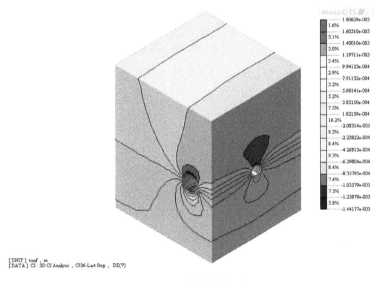 等轴测视图。

等值线轴测图如图 11-165 所示。

[UNIT] tonf , m
[DATA] CS : 3D CS Analysis , CS36-Last Step , DZ(V)

图 11-165 等值线轴测图

11.3.7.2 应力等值线

查看分析结果中岩土的应力值。先查看 SXX。

(1)工作目录树里双击"CS","基础例题 3>CS36-Last Step>Solid Stresses>LO-Solid-SXX"。

(2)特性窗口里选择"等值线"。

(3)"段数"里输入"18"。

(4)双击显示"等值线"指定"False"。

（5）特性窗口里点击 [适用]。

（6）"视图"工具条里选择 🗖 前视图。

应力等值线如图 11-166 所示。

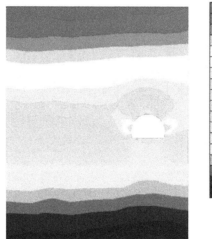

图 11-166　应力等值线

查看分析结果中岩土的应力值。查看 SYY。

（7）工作目录树里双击"CS"，"基础例题 3 > CS36 − Last　Step > Solid　Stresses > LO −SolidSYY"。

（8）视图工具条里选择 🗖 右视图。

如图 11-167 所示。

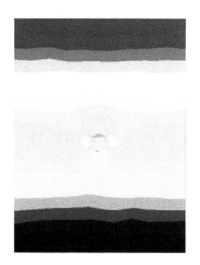

图 11-167　SYY 应力图

查看分析结果中岩土的应力值。查看 SZZ。

(9)工作目录树里双击"CS","基础例题 3>CS36-Last Step>Solid Stresses>LO-Solid-SZZ"。

(10)视图工具条里选择 ▱ 等轴测视图。

变形图如图 11-168 所示。

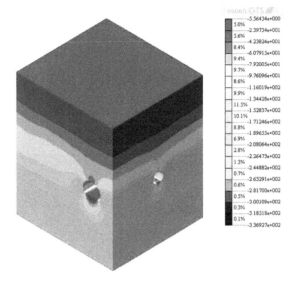

图 11-168　变形图

通过设定图例利用多种方法显示结果值。

(11)模型窗口里点击图例的鼠标左键。点击的瞬间图例就会变为调整的待机状态。

(12)参考图 111-169 点击图例的下端边界线后拉长。

设定图例利用多种方法显示结果值如图 11-169 所示。

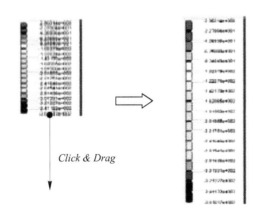

图 11-169　设定图例利用多种方法显示结果值

(13)参考图 11-170 点击图例的数值后通过拖动来调整图例的宽。加宽从上往下的第 3 个图例。

（14）在模型窗口上点击图例外的任意点。

设置图例值如图 11-170 所示。

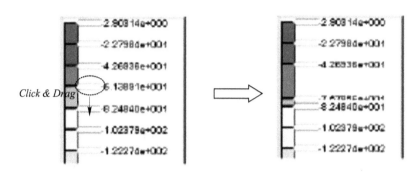

图 11-170　设置图例值

（15）参考图 11-171 点击图例上的任意点。

（16）点击的点上的值在模型里会以白色的等值线来表示。

颜色选择如图 11-171 所示。

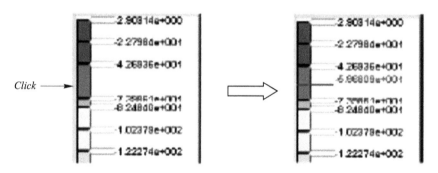

图 11-171　颜色选择

（17）在图例里点击等值线段数的颜色的右键。

（18）可以将等值线段数的颜色设定为想要的颜色。

（19）点击 Cancel 。

等值线颜色设置如图 11-172 所示。

（20）特性窗口里选择"图例"。

（21）点击等频率范围右侧的 Execute 。

（22）以间距重新调整等值线段数的宽。

11.3.7.3　安全系数等值线

查看分析结果中的安全系数。

（1）工作目录树里双击"CS"，"基础例题 3>CS36-Last Step>Solid Stresses>LO-Solid Safety Factor"。

安全系数等值线如图 11-173 所示。

11.3.7.4　板单元应力等值线

查看喷射混凝土的应力。

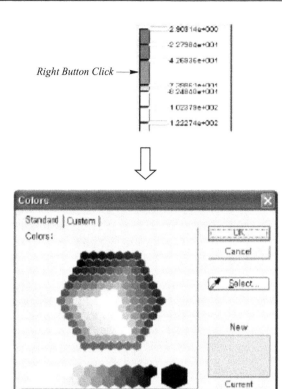

图 11-172 等值线颜色设置

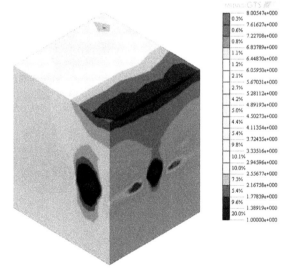

[UNIT] tonf , m
[DATA] CS : 3D CS Analysis , CS36-Last Step , LO-Solid Safety Factor

图 11-173 安全系数等值线

（1）工作目录树里双击"CS"，"基础例题 3>CS36-Last Step>Plate Stresses>LO-Plate Sxx（Top）"。

（2）特性窗口里选择"等值线"。

（3）双击无结果的节点和单元指定为"特征图形的线"。

喷射混凝土的应力如图 11-174 所示。

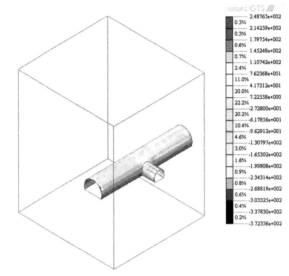

[UNIT] tonf , m
[DATA] CS : 3D CS Analysis , CS36-Last Step , LO-Plate Sxx(Top)

图 11-174　喷射混凝土的应力

11.3.7.5　主应力等值线

查看主应力。

工作目录树里双击"CS"，"基础例题 3>CS36-Last Step>Solid Stresses>LO-Solid P1（V）"。

主应力等值线如图 11-175 所示。

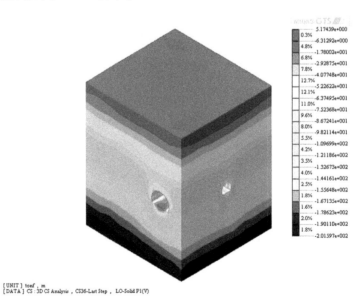

[UNIT] tonf , m
[DATA] CS : 3D CS Analysis , CS36-Last Step , LO-Solid P1(V)

图 11-175　主应力等值线

11.3.7.6　桁架 Sx 等值线

查看锚杆的轴力。

（1）工作目录树里双击"CS"，"基础例题 3>CS36−Last Step>ID 单元 Stresses>Truss Sx"。

（2）"视图"工具条里点击 前视图。

（3）放大显示隧道的周边部分查看内力图。

锚杆的轴力如图 11-176 所示。

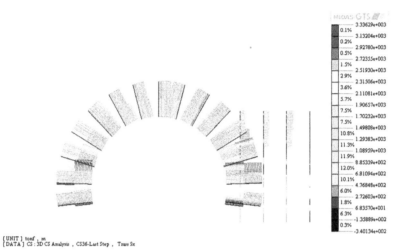

图 11-176　锚杆的轴力

12　工程实例分析

　　MIDAS/GTS 软件面向岩土、采矿、交通、水利、地质、环境工程等领域,是全球最知名的岩土分析软件之一,其涵盖内容广泛,不仅是通用的分析软件,而且还是包含岩土与隧道工程领域最新发展技术的专业程序,其功能包括应力分析、施工阶段分析、渗流分析以及其他多种功能。作为优秀的岩土工程设计分析软件,目前已经为上百万科学研究人员、工程技术人员、教育工作者以及学生提供了无与伦比的帮助。

　　(1)静力分析:包括线性静力分析及非线性静力分析;施工阶段包括施工、稳定渗流、瞬态渗流及固结分析;边坡稳定分析。复杂的地层和地形;地下结构开挖和临时结构的架设与拆除;基坑的开挖、支护;地表、洞室内的位移;喷混、锚杆的内力、应力、位移。隧道、大坝、边坡的稳态/非稳态渗流分析;从饱和区域到非饱和区域使用 Darcy′s 原理;在 Van Genuchten 和 Gardner′s 公式中可自定义其非饱和特性函数。施工阶段或时程分析中的最终状态;考虑渗流分析中孔隙水压应力耦合的有效应力分析。排水(非黏性土)与非排水(黏性土)分析;各阶段的孔隙水压和固结沉降结果。任意形状的二维或三维地表、地层模型;破坏模式是任意的,不局限于单纯的圆形、弧形等;查看安全系数、变形信息和剪切破坏形状等。

　　(2)动力分析:任意荷载、地震、爆破等振动的各种动力分析(自振周期、反应谱、时程);内含地震波数据库、自动生成地震波、与静力分析结果的组合功能。

　　(3)衬砌、锚杆的结构分析:荷载-结构模式的二衬的内力、应力、变形计算;锚杆单元的内力、应力、变形计算等。

　　本章通过具体工程案例,详细地介绍了水利工程有限元解决思路与方法。

12.1　输水隧洞计算分析

12.1.1　工程概况

　　某工程输水隧洞长约 42 km,最大埋深 2 268 m,属于深埋长隧洞,是整个工程的关键建筑物。

　　输水隧洞是连接北天山南北两侧的跨流域工程,洞长 41.8 km,设计成洞径 5.3 m,最大输水流量 70 m^3/s,底坡 1/565。输水隧洞进口底高程为 1 269 m;出口底高程为 1 195 m。

12.1.2　高承压水洞段施工进展

12.1.2.1　高承压水洞段范围

　　根据前期勘察成果,输水隧洞Ⅱ标高承压水洞段主要为含承压水的 S_2j 粉砂岩、硅质粉砂岩洞段,主要分布范围为桩号 5+870—7+300。

12.1.2.2　施工进展情况

输水隧洞Ⅱ标主洞下游开挖至6+166.7,上游开挖至5+072,主支洞交叉段开挖支护、二次衬砌均完成。已施工的高承压水洞段为桩号5+870—6+166.7,尚未施工的高承压水洞段为桩号6+166.7—7+300,具体分布见图12-1。

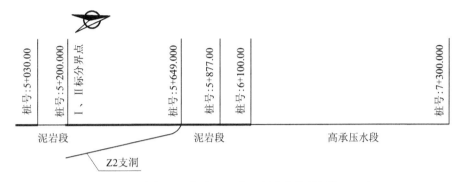

桩号:5+030.00　桩号:5+200.000　Ⅰ、Ⅱ标分界点　桩号:5+649.000　桩号:5+877.00　桩号:6+100.00　桩号:7+300.000

泥岩段　　　　　　泥岩段　　　　　高承压水段

Z2支洞

图 12-1　输水隧洞Ⅱ标高承压水洞段分布及进展情况示意

12.1.3　任务来源及主要目的

通过对已施工洞段实际揭露的地质条件,建立三维有限元渗流模型,对前方高承压水洞段的突涌水问题进一步分析预测,为施工排水设计提供基础资料。

12.1.3.1　编制依据

主要依据《输水隧洞2+500—8+000复杂地质洞段工程地质条件分析评价报告》(823—D(2015)3)、《输水隧洞工程软岩及高承压水洞段勘察设计报告》和输水隧洞Ⅱ标已施工段揭露的工程地质条件。

12.1.3.2　基本地质条件

1.地形地貌

输水隧洞桩号5+870—7+300段区位于北天山西段南麓低山丘陵区,属吉林台地地貌,地面高程1 502~1 632 mm,该段隧洞埋深238~370 m。其主要地貌特征如图12-2所示。

恰奇沟　　桩号7+300

桩号5+870

图 12-2　工程区附近卫星影像

2.气象与水文

河谷地属温带内陆山地气候,气候随地形变化十分显著。多年平均气温 6.4 ℃,极端最高气温为 37.9 ℃,极端最低气温-39.9 ℃。喀什河谷地多年平均降水量 350 mm 左右,山区可达 700 mm 左右,蒸发量为 1 491.1 mm。夏季多雨,冬季多雪,河流山泉众多,因此水源充足。最大季节性冻土深度 94 cm。

工程区内水系为恰奇沟河,属喀什河支流,流量 1~2 m³/s,接受雪山融雪、大气降水及高山泉水补给,部分补给地下水,大多数以径流的形式汇入喀什。附近汇入喀什河与恰奇沟平行的主要水系为其上游的胡吉尔沟和萨尔布拉克沟以及其下游的莫托沟,在中高山区内各水系均有多条支流补给,工程区附近水系分布如图 12-3 所示。

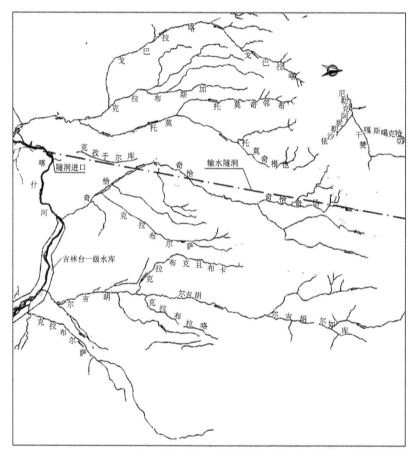

图 12-3 隧洞附近水系分布图

地下水的赋存和运动具有以下特点:谷地和河道附近地下水多以孔隙潜水、上层滞水形式赋存于坡积、冲洪积等松散堆积物之中;地表水和地下水补给源以高山积雪和冰川融水为主,降水补给次之;河流、沟谷两岸地下水位一般高于河水位,地下水以泉水、地下潜流的形式向河道排泄;地下水位动态及补给、排泄量的变化具有明显的季节性,一般春末至秋初,地下水位相对较高,补给量和排泄量相对较大;地下水水质良好,局部受含盐岩地层影响,水质较差。

3.地层岩性

高承压水洞段分布地层主要为志留系中统基夫克组（S_2j），属滨海相细碎屑岩，岩性为灰色、深灰色、灰黑色钙、泥质粉砂岩和硅质粉砂岩、硅钙质粉砂岩。与第三系地层（N_{1+2}）不整合接触带附近以紫红色–黄褐色细砂岩为主，中厚–厚层状为主，局部洞段以薄层状为主，条带状构造明显，层理发育，局部有交错层理。岩石典型照片如图 12-4~图 12-6 所示。

图 12-4　灰色硅质粉砂岩

图 12-5　深灰色硅质粉砂岩

图 12-6　紫红色–黄褐色细砂岩（桩号 5+928）

本层与上覆第三系中新统–上新统（N_{1+2}）呈不整合接触。受构造变动和风化剥蚀影响，本层与上覆地层接触面起伏剧烈，总体上向隧洞进口倾斜，在隧洞桩号 5+877 附近进入隧洞以下高程。

在本层可见明显的古风化壳，厚度 10~20 m。表现为岩体破碎，部分地段泥质含量高。

4.地质构造与地震

1）区域构造背景与地震

根据区域构造单元划分，本区域位于天山褶皱系（Ⅲ）的博罗科努地槽褶皱带之博罗科努山复背斜（$Ⅲ_1^2$）和巩乃斯坳褶（$Ⅲ_2^1$）两构造单元分界线（喀什河断裂）附近。

　　高承压水洞段位于博罗科努山复背斜($Ⅲ_1^2$)带内,以单斜构造为主,产状 NW320° ~ 330°SW ∠30° ~ 40°,与隧洞洞向呈 42° ~ 52°交角。

　　根据 2016 年 6 月 1 日开始实施的《中国地震动参数区划图》(GB 18306—2015),本洞段 50 年超越概率 10%基岩水平动峰值加速度为 0.3g,相应地震基本烈度为Ⅷ度(如图 12-7 所示)。

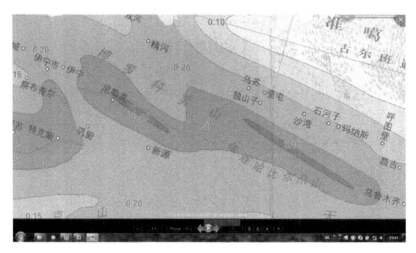

图 12-7　中国地震动参数区划图

2)主要断层发育特征

　　已施工隧洞桩号 5+870—6+166.7 段,共揭露 6 条构造挤压带,其性质见表 12-1。

表 12-1　　　　　　　　　　　　　本标段隧洞开挖揭露挤压破碎带统计

编号	产状	性状特征	典型照片
JY7	NW325° SW ∠35°	构造面平直光滑,带宽 15 ~ 30 cm,泥灰岩充填,微锈蚀	
JY8	NW330° SW ∠35°	构造面平直光滑,带宽 10 ~ 15 cm,带内以碎裂岩为主,构造面附近充填泥质及岩屑	

续表 12-1

编号	产状	性状特征	典型照片
JY9	NW315° SW∠35°	构造面平直光滑,带宽 15~20 cm,带内以碎裂岩为主,构造面附近附有1~2 cm 厚的泥质与岩屑,带内同时充填方解石脉,局部呈锈黄色,胶结程度差	
JY10	NW350° NE∠82°	构造面稍起伏光滑,带宽 8~25 cm,带内以碎裂岩为主,构造面附有 1~2 cm 厚的浅灰绿色泥质与岩屑,带内同时充填方解石脉,局部呈锈黄色,胶结程度一般	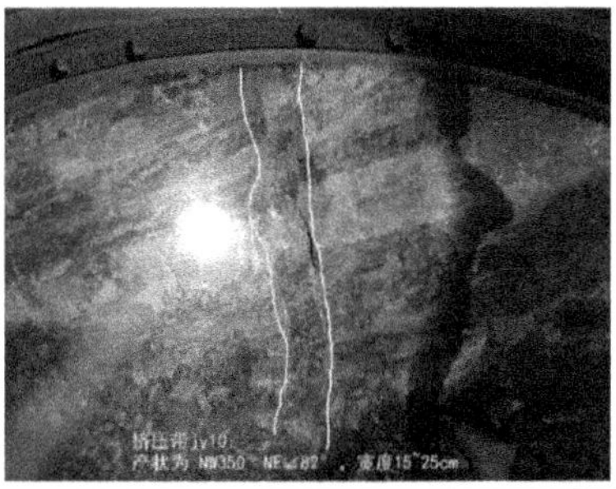
JY11	NW310°~320° SW∠30°~40°	构造面平直,带宽 10~20 cm,带内物质呈泥夹碎块状,胶结程度差	
JY12	NW310°~320° SW∠30°~40°	构造面平直,带宽 10~20 cm,带内物质呈泥夹碎块状,胶结程度差	

未施工洞范围内主要穿越 F、F_{69-1}、F_{69-2} 等断层,各断层分布位置如图 12-8 所示,主要特征分述如下:

F_{69-1}、F_{69-2} 为受 F_{69} 影响形成的次级断层,断层规模较小。钻孔 JDZK34 揭露 F_{69-1} 断层带宽度约 20 m,断层带以碎裂岩及断层角砾岩为主,局部夹有断层泥及黑色碳质,可见擦痕,局部段夹有原岩透镜体,呈碎裂结构,陡倾角节理裂隙发育;钻孔 JDZK17 揭露 F_{69-2} 断层带宽度 25.5 m,以碎裂岩及糜棱岩为主,胶结程度差,局部夹有角砾岩、断层泥及黑色碳

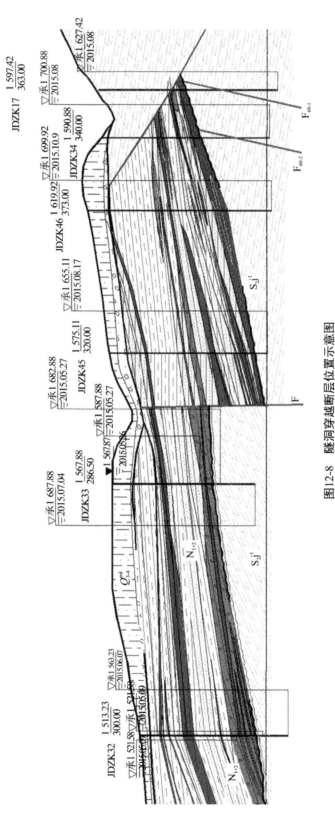

图12-8 隧洞穿越断层位置示意图

质,有一定的胶结作用,局部夹有原岩透镜体,呈碎裂结构,节理裂隙发育。F_{69-1}、F_{69-2}断层在 JDZK33 及 JDZK45 两钻孔表现为岩芯破碎。

以上断层在高频大地电磁测深剖面上多有明显表现,如图 12-9 所示。

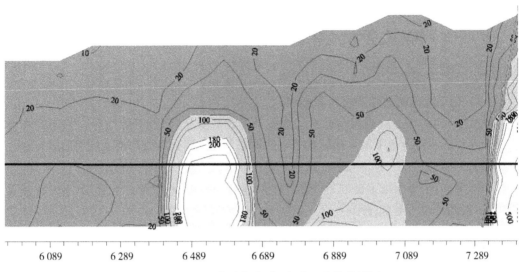

图 12-9　EH4 大地电磁测深视电阻率等值线图

3)节理裂隙发育特征

已施工隧洞桩号 5+870—6+166.7 段,志留系中统基夫克组(S_2j)地层内共揭露 4 个裂隙密集带,39 条裂隙。

桩号 5+877—5+922 段共揭露裂隙 41 条,主要发育 3 组裂隙:①NE75°~85°NW∠35°~45°,裂面平直粗糙,张开 5~30 mm,最大可达 5 cm,泥质及泥灰岩充填;②NE70°~75°NW∠50°~65°,裂面平直粗糙,张开 2~7 mm,泥灰岩充填;③NE5°~15°SE∠65°~75°,裂面平直粗糙,张开 1~3 mm,局部张开 3~10 mm,泥质或泥灰岩充填。

12.1.4　物理地质现象

12.1.4.1　岩体风化

吉林台地地区附近第四系覆盖层下部多为第三系岩层,第三系下伏的地层多为志留系,存在着古风化壳,各钻孔古风化深度特征见表 12-2。

表 12-2　　　　　　　　　　　　　　**各钻孔古风化情况**

钻孔编号	位置	强风化		弱风化	
		孔深(m)	厚度(m)	孔深(m)	厚度(m)
JDZK32	桩号 6+001	235~242.8	7.8	242.8~255	12.2
JDZK33	桩号 6+500	201.8~210.8	9	210.8~224	13.2
JDZK34	桩号 7+187	200~203.5	3.5	203.5~207.5	4
JDZK17	桩号 7+300	177~187.2	10.2	187.2~197.4	10.2

12.1.4.2 滑坡

恰奇沟两岸岸坡多高陡边坡,最大高差为 180 m,坡度为 35°～40°,部分坡面岩性为第四系全新风积黄土状土,多有滑坡发生,部分地段存在潜在滑坡的地质灾害。

12.1.4.3 泥石流

天山南麓植被发育,泥石流不发育。

12.1.5 水文地质条件

12.1.5.1 地下水埋藏条件及含水岩组划分

桩号 5+870—7+300 洞段附近水文地质条件非常复杂,对隧洞影响较大的主要为埋深小于 500 m 的浅层地下水。根据地下水的埋藏条件主要分为裂隙潜水和裂隙承压水两种类型。

裂隙潜水:主要埋藏于桩号 7+300—8+000 附近的志留系中统基夫克组(S_2j)岩体裂隙中,主要接受大气降水补给。

裂隙承压水:主要埋藏于桩号 5+870—7+300 间被第三系覆盖着的志留系中统基夫克组(S_2j)岩体裂隙中,主要接受来至于喀什河上游(东)和天山中高山(北)两个方向的地下水补给。承压含水体呈条带状沿东西向展布,其补给充沛。

12.1.5.2 岩体渗透性

综合钻孔压水试验、承压水涌水反演对透水率及渗透系数进行估算,并结合引水线路和 3 个坝址整体透水性情况,参考《水利水电工程地质勘察规范》(GB 50487—2008)中附录 J 岩土渗透性分级表,推算出隧洞岩体渗透系数,对于承压水洞段,推算出的 5 个渗透系数中的最大值明显大于其他 4 个数值,其平均值亦较其余 4 个值大,因此在桩号 5+900—7+300 段中的一般洞段,渗透系数取平均值。特殊洞段,即第三系至志留系不整合接触段(桩号 5+900—6+100)、断层 F 影响范围洞段(桩号 6+500—6+700)以及 F_{69-1}、F_{69-2} 两断层影响段(桩号 7+100—7+300)按最大值考虑,详见表 12-3。

表 12-3 　　　　　　　　　　　　隧洞岩体渗透系数推算成果

桩号	地层代号	主要岩性	平均埋深(m)	岩体渗透系数(m/d)
5+900—6+100	N_{1+2}/S_2j	粉砂岩、硅质粉砂岩、不整合接触带	255	2.12E+00
6+100—6+500	S_2j	粉砂岩、硅质粉砂岩	297	5.01E−01
6+500—6+700	S_2j	粉砂岩、硅质粉砂岩、推测断层或不整合	290	2.12E+00
6+700—7+100	S_2j	粉砂岩、硅质粉砂岩	331	5.01E−01
7+100—7+300	S_2j	粉砂岩、硅质粉砂岩、F_{69-1}等	351	2.12E+00

12.1.5.3　地下水位及动态

本洞段存在的地下水主要为承压水。为进一步了解高承压水洞段承压水水头压力和承压水流量的动态变化情况,在钻孔终孔后定期进行观测。隧洞洞线及洞线附近钻孔承压水观测成果见表 12-4、图 12-10。

表 12-4　　　　　　　　　　　各钻孔承压水观测成果

钻孔编号	钻孔深度（m）	含水层岩性	水头高出地面（m）	水位高程（m）	水头高出洞顶（m）	流量（L/min）	观测日期
JDZK32	195	N_{1+2}砂砾岩	8.35	1 521.58	257.38		2015.5.9
	300	S_2j 硅质粉砂岩	4.7	1 517.93	253.73		2015.6.8
	300		50	1 563.23	299.03	48	2015.6.7
JDZK33	175.3	N_{1+2}砂砾岩、砂岩	20	1 587.88	324.68	2.2	2015.5.16
	214.7		40	1 607.88	344.68	27	2015.5.26
	216.3		16	1 583.88	320.68	54	2015.5.27
	223.7		80	1 647.88	384.68	128	2015.6.5
	226.1		80	1 647.88	384.68	125	2015.6.7
	227.4		110	1 677.88	414.68	175	2015.6.8
	228.3	S_2j 硅质粉砂岩	95	1 662.88	399.68	162	2015.6.9
	229.4		110	1 677.88	414.68	186	2015.6.9
	230.8		110	1 677.88	414.68	175	2015.6.10
	231.8		115	1 682.88	419.68	167	2015.6.11
	233.3		115	1 682.88	419.68	169	2015.6.11
	233.3		100	1 667.88	404.68	174	2015.6.12
	233.3		118	1 685.88	422.68	182	2015.6.13
	233.3		110	1 677.88	414.68	170	2015.6.13
	233.3		112	1 679.88	416.68	175	2015.6.14
	233.3		115	1 682.88	419.68	178	2015.6.14
	233.3		110	1 677.88	414.68	176	2015.6.15
	233.3		110	1 677.88	414.68	173	2015.6.15
	234.2		110	1 677.88	414.68	174	2015.6.16
	234.2		111	1 678.88	415.68	175	2015.6.17
	236		110	1 677.88	414.68	176	2015.6.18
	236		114	1 681.88	418.68	184	2015.6.19
	238.1		112	1 679.88	416.68	176	2015.6.19

续表 12-4

钻孔编号	钻孔深度（m）	含水层岩性	水头高出地面(m)	水位高程（m）	水头高出洞顶（m）	流量（L/min）	观测日期
JDZK33	240		112	1 679.88	416.68	181	2015.6.19
	240		100	1 667.88	404.68	154	2015.6.20
	242.7		112	1 679.88	416.68	179	2015.6.20
	243.9		113	1 680.88	417.68	181	2015.6.21
	246.3		110	1 677.88	414.68	178	2015.6.22
	247.6		112	1 679.88	416.68	179	2015.6.22
	248.5		113	1 680.88	417.68	180	2015.6.23
	282.1	S₂j 硅质粉砂岩	110	1 677.88	414.68	600	2015.6.24
			120	1 687.88	424.68	663	2015.7.4
			92	1 659.66	408.16		2018.5.10
			86	1 653.54	402.04		2018.6.14
			89	1 656.60	405.10		2018.9.18
	286.5		137	1 704.52	453.02		2019.5.30
			136	1 703.50	452.00		2019.5.31
			136	1 703.50	452.00		2019.6.1
			135	1 702.48	450.98		2019.6.2
			135	1 702.48	450.98		2019.6.5
			92	1 659.66	408.16		2019.11.25
			115	1 683.11	431.61		2020.6.15
JDZK45	267.6	N₁₊₂ 砂砾岩、砂岩	10	1 585.11	321.91	5.1	2015.8.6
	293		12	1 587.11	323.91	14	2015.8.9
	296		10	1 585.11	321.91	15	2015.8.10
	298.2		15	1 590.11	326.91	28	2015.8.11
	301.2		50	1 625.11	361.91	37	2015.8.12
	307.2	S₂j 硅质粉砂岩	60	1 635.11	371.91	44	2015.8.13
	310		60	1 635.11	371.91	43	2015.8.14
	317.5		60	1 635.11	371.91	42	2015.8.15
	320		80	1 655.11	391.91	61	2015.8.16
			80	1 655.11	391.91	62	2015.8.17

续表 12-4

钻孔编号	钻孔深度（m）	含水层岩性	水头高出地面(m)	水位高程（m）	水头高出洞顶(m)	流量（L/min）	观测日期
JDZK45	320	S₂j 硅质粉砂岩				30	2015.11.7
						13.2	2016.8.28
						9.6	2016.10.21
						9.6	2016.10.28
						9.6	2016.11.2
						10.8	2016.11.4
			压力表已坏			8.4	2016.11.23
						7.8	2016.12.15
						7.2	2017.3.13
						9.6	2017.4.24
						10.7	2017.6.23
						10	2017.10.28
						8.8	2018.3.19
						7.8	2018.5.10
			−4	1 571.11	308.07	8.4	2018.5.27
			−10	1 565.11	302.07	8.4	2018.6.14
			0.359	1 575.47	312.429		2018.8.13
			−0.11	1 575.00	311.96		2018.10.11
			−1.643	1 573.47	310.427		2019.1.11
			−1.844	1 573.27	310.226		2019.2.6
			−1.844	1 573.27	310.226		2019.2.8
			−2.645	1 572.47	309.425		2019.3.21
			−3.128	1 571.98	308.942		2019.5.10
			−3.656	1 571.45	308.414		2019.7.1
			−4.151	1 570.96	307.919		2019.8.20
			−4.635	1 570.48	307.435		2020.4.8
			−4.748	1 570.36	307.322		2020.4.16
			−4.84	1 570.27	307.23		2020.5.5
			−4.956	1 570.15	307.114		2020.5.17
			−4.84	1 570.27	307.23		2020.6.1

续表 12-4

钻孔编号	钻孔深度（m）	含水层岩性	水头高出地面（m）	水位高程（m）	水头高出洞顶（m）	流量（L/min）	观测日期
JDZK45	320	S_2j 硅质粉砂岩	−5.684	1 569.43	306.386		2020.6.18
			−6.342	1 568.77	305.728		2020.6.25
			−9.041	1 566.07	303.029		2020.6.26
			−8.893	1 566.22	303.177		2020.6.30
			−8.849	1 566.26	303.221		2020.7.4
JDZK46	285	S_2j 硅质粉砂岩	30	1 649.92	386.72	35	2015.9.29
	285		40	1 659.92	396.72	35	2015.9.30
	285		40	1 659.92	396.72	35	2015.9.30
	285		30	1 649.92	386.72	35	2015.10.1
	290		40	1 659.92	396.72	36	2015.10.2
	294.9		40	1 659.92	396.72	37	2015.10.2
	299.9		60	1 679.92	416.72	53	2015.10.3
	305		60	1 679.92	416.72	61	2015.10.3
	310		60	1 679.92	416.72	61	2015.10.4
	315		60	1 679.92	416.72	62	2015.10.4
	320		70	1 689.92	426.72	82	2015.10.5
	325		60	1 679.92	416.72	110	2015.10.5
	330		60	1 679.92	416.72	246	2015.10.6
	335		80	1 699.92	436.72	300	2015.10.6
	338		80	1 699.92	436.72	300	2015.10.6
	343		80	1 699.92	436.72	320	2015.10.7
	348		80	1 699.92	436.72	510	2015.10.8
	353		80	1 699.92	436.72	800	2015.10.8
	358		80	1 699.92	436.72	1 000	2015.10.9
	363		80	1 699.92	436.72	1 070	2015.10.9
	368		80	1 699.92	436.72	1 100	2015.10.10
	373		80	1 699.92	436.72	1 100	2015.10.10
			80	1 699.92	436.72	1 100	2015.10.11
			80	1 699.92	436.72	1 100	2015.10.11
			80	1 699.92	436.72	1 100	2015.10.12

续表 12-4

钻孔编号	钻孔深度（m）	含水层岩性	水头高出地面(m)	水位高程（m）	水头高出洞顶(m)	流量（L/min）	观测日期
JDZK46	373	S₂j 硅质粉砂岩	48	1 667.26	404.72	186	2016.10.21
			48	1 667.26	404.72	186	2016.10.28
						180	2016.11.2
			50	1 669.26	406.72	180	2016.11.4
						174	2016.11.23
						156	2016.12.15
						168	2017.3.13
			48	1 667.26	404.72	193	2017.6.23
						161	2017.10.28
			45	1 664.26	401.72	165	2018.3.19
			49.03	1 668.95	406.41	148.9	2018.5.10
			53.59	1 673.51	410.97	162.6	2018.5.27
			51.31	1 671.23	408.69	123.6	2018.6.14
						113.4	2018.9.18
			43.32	1 663.24	400.70		2019.5.30
			45.60	1 665.52	402.98	111.6	2019.8.31
			52.45	1 672.37	409.83	127.2	2020.7.5
JDZK34	173.4	N₁₊₂砂砾岩、砂岩	1.15	1 592.03	329.83	4.7	2015.7.6
	277.7		1.25	1 592.13	329.93	12.8	2015.8.26
	282.5		90	1 680.88	418.68	160	2015.8.27
	282.5		90	1 680.88	418.68	156	2015.8.27
	282.5		90	1 680.88	418.68	159	2015.8.28
	282.5		90	1 680.88	418.68	200	2015.8.28
	282.5	S₂j 硅质粉砂岩	90	1 680.88	418.68	200	2015.8.29
	288		100	1 690.88	428.68	243	2015.8.30
	288		100	1 690.88	428.68	298	2015.8.30
	290		100	1 690.88	428.68	299	2015.8.31
	295		105	1 695.88	433.68	284	2015.8.31
	300		110	1 700.88	438.68	300	2015.9.1
	303.2		110	1 700.88	438.68	310	2015.9.1

续表 12-4

钻孔编号	钻孔深度（m）	含水层岩性	水头高出地面(m)	水位高程（m）	水头高出洞顶(m)	流量（L/min）	观测日期
JDZK34	307.2	S$_2$j 硅质粉砂岩	110	1 700.88	438.68	305	2015.9.2
	311.5		110	1 700.88	438.68	400	2015.9.3
	311.5		110	1 700.88	438.68	400	2015.9.3
	316		110	1 700.88	438.68	400	2015.9.3
	316.1		110	1 700.88	438.68	540	2015.9.4
	321		110	1 700.88	438.68	510	2015.9.4
	326		110	1 700.88	438.68	600	2015.9.5
	331		110	1 700.88	438.68	600	2015.9.5
	331.1		110	1 700.88	438.68	850	2015.9.6
	331.2		110	1 700.88	438.68	915	2015.9.7
	336		110	1 700.88	438.68	1 180	2015.9.8
	340		压力表已坏			59	2016.10.21
						41	2016.10.28
						44	2016.11.23
						41	2016.12.15
						37	2017.3.23
						46	2017.4.24
						37	2017.6.23
						47	2017.10.28
			46	1 636.48	374.19	23.7	2018.5.16
			51	1 642.19	379.90	29.58	2018.5.28
			52	1 643.33	381.04	34.2	2018.6.14
			51	1 642.19	379.90	33	2018.9.18
						19.2	2019.5.30
						31.2	2019.8.25
JDZK17	327.9	S$_2$j 硅质粉砂岩	0.7	1 598.12	335.92	6	2015.9.7
	333.4		0.8	1 598.22	336.02	6.2	2015.9.8
	338.1		30	1 627.42	365.22	105	2015.9.8
	340.7		30	1 627.42	365.22	91	2015.9.9
	340.7		30	1 627.42	365.22	86	2015.9.10

续表 12-4

钻孔编号	钻孔深度 （m）	含水层 岩性	水头高出 地面（m）	水位高程 （m）	水头高出 洞顶（m）	流量 （L/min）	观测日期
JDZK17	343	S₂j 硅质粉砂岩	30	1 627.42	365.22	90	2015.9.11
	346.3		30	1 627.42	365.22	92	2015.9.12
	350.8		30	1 627.42	365.22	96	2015.9.13
	355		30	1 627.42	365.22	99	2015.9.14
	350.8		30	1 627.42	365.22	93	2015.9.14
	350.9		30	1 627.42	365.22	114	2015.9.15
	359		30	1 627.42	365.22	114	2015.9.15
	359.1		30	1 627.42	365.22	114	2015.9.16
	363		30	1 627.42	365.22	112	2015.9.17
			30	1 627.42	365.22	114	2015.9.17
			30	1 627.42	365.22	115	2015.9.18
			−0.58	1 596.84	334.64		2016.10.24
			−0.62	1 596.80	334.6		2016.10.31
			−0.63	1 596.79	334.59		2016.11.2
			−0.8	1 596.62	334.42		2016.12.15
			−1.14	1 596.28	334.08		2017.6.23
			−0.62	1 596.80	334.6		2017.8.29
			−0.93	1 596.49	334.29		2018.3.21
			−1.1	1 596.32	334.2		2018.5.12
			−0.97	1 596.45	334.33		2018.5.27
			−1.1	1 596.32	334.2		2018.6.14
			−1.01	1 596.41	334.29		2018.7.31
			−0.98	1 596.44	334.32		2018.8.5
			−1.1	1 596.32	334.2		2018.9.18
			−1.2	1 596.22	334.1		2018.12.20
			−1.3	1 596.12	334		2019.4.8
			−0.7	1 596.72	334.6		2019.4.26
			−0.8	1 596.62	334.5		2019.5.3
			−1	1 596.42	334.3		2019.6.21
			−1.1	1 596.32	334.2		2019.7.16

续表 12-4

钻孔编号	钻孔深度 (m)	含水层 岩性	水头高出 地面(m)	水位高程 (m)	水头高出 洞顶(m)	流量 (L/min)	观测日期
JDZK17	363	S₂j 硅质粉砂岩	−1	1 596.42	334.3		2019.9.13
			−0.9	1 596.52	334.4		2019.10.13
			−1.4	1 596.02	333.9		2020.7.15
			−1.5	1 595.92	333.8		2020.10.10

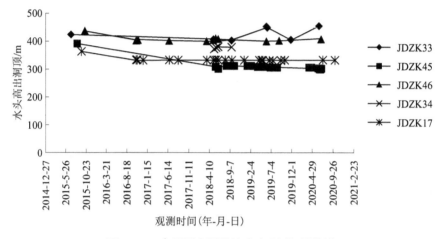

图 12-10 高承压水洞段长观孔观测记录统计

恰奇沟左岸钻孔揭露的承压水主要赋存于不整合接触带以下的志留系内,属裂隙承压水。承压水多具有水头高、流量大的特点,在钻进过程中,承压水水头高度变化较小,不整合接触带以下的志留系赋存的承压水水头及流量均具有随钻孔深度增加而增大的特点。承压水头随钻孔深度增加而增大,与"地下水排泄区内地下水位或水头具有随钻孔深度增加而提高的趋势"相符;承压水流量增加主要是由于钻孔深度增加,揭露的含水层厚度增大,出水断面也随之增大而引起的。由长观孔后期观测成果可知,承压水水头高出洞顶值在 2015 年 11 月—2020 年 10 月间基本稳定,随时间变化不大。

12.1.5.4 地下水的补给、径流与排泄

本研究洞段以志留系裂隙承压水为主。受地形条件控制,总体上天山南麓地下水是向喀什河方向径流的。至吉林台地附近,沿喀什河方向呈条带状分布的第三系泥岩阻滞了地下水继续向喀什河河谷方向的运移,使地下水水位在此壅高,在山前地带的志留系古风化壳、构造发育带形成裂隙承压水。如图 12-11 所示。

2015 年,在隧洞附近的恰奇沟河、胡吉尔沟河、JDZK33 与 JDZK45 钻孔之间的小溪中采取地表水样,以及 JDZK17、JDZK34、JDZK45、JDZK46 等钻孔采取志留系承压水水样进行分析,分析成果见表 12-5。从水质分析成果来看,恰奇沟河、胡吉尔沟河等地表水水质较为接近,JDZK17、JDZK34、JDZK45、JDZK46 等钻孔中采取的地下水水质也非常接近,但地表水与志留系基岩承压水之间水质差别明显,特别是 Na^+、F^-、Cl^-、SO_4^{2-}、HCO_3^- 等离子

含量差别很大。水质的明显差别，反映出附近的恰奇沟河、胡吉尔沟河水与志留系基岩裂隙承压水之间的水力联系不是很强。各钻孔部位水质差别不大，也体现出志留系基岩裂隙水本身具有较好的径流条件，岩体渗透性较强。志留系基岩裂隙承压水 Cl^-、SO_4^{2-} 含量较高，可能是受上覆第三系岩体中包含盐分溶滤的影响。

12.1.6　计算软件及理论

12.1.6.1　计算软件

本次采用 GTS/NX（水工 023）对围堰及基坑进行三维有限元分析。MIDAS/GTS/NX（New Experience of Geo-Technical Analysis System）是一款针对岩土领域研发的通用有限元分析软件，不仅支持线性/非线性静力分析、线性/非线性动态分析、渗流和固结分析、边坡稳定分析、施工阶段分析等多种分析类型，而且可进行渗流-应力耦合、应力-边坡耦合、渗流-边坡耦合、非线性动力分析-边坡耦合等多种耦合分析。广泛适用于地铁、隧道、边坡、基坑、桩基、水工、矿山等各种实际工程的准确建模与分析。

12.1.6.2　三维稳定渗流场分析原理

目前渗流分析的数学模型大都是以达西定律和连续性方程为基础而建立的，达西定律 $v = -KJ$，其中 v 为渗流场中任一点的渗流速度；K 为渗透系数；J 为水力梯度。达西定律是描述能量损失的线性阻力关系，渗流坡降 J 的相对大小反映阻力的大小，代表单位重流体能量沿程的损失率。考虑水和渗透介质是不可压缩的，三维稳定渗流的连续性方程为 $\dfrac{\partial v_x}{\partial x} + \dfrac{\partial v_y}{\partial y} + \dfrac{\partial v_z}{\partial z} = 0$，连续性方程是质量守恒定律在渗流问题中的具体应用，它表明，流体在渗透介质的流动过程中，其质量既不能增加也不能减少，即渗流场中水在某一单元体内的增减速率等于进出该单元体流量速率之差。

由达西定律和连续性方程得出三维稳定渗流的微分方程式为：

$$\frac{\partial}{\partial x}\left(K_x \frac{\partial H}{\partial x}\right) + \frac{\partial}{\partial y}\left(K_y \frac{\partial H}{\partial y}\right) + \frac{\partial}{\partial z}\left(K_z \frac{\partial H}{\partial z}\right) + q = 0 \tag{12-1}$$

式中　K_x，K_y，K_z —— x，y，z 方向的渗流系数；

q —— 产水率，即渗流场 Ω 内的连续函数。

定解条件为：假设边界面 $\Gamma = \Gamma_1 + \Gamma_2 + \Gamma_3$。$\Gamma_1$ 为第一类边界，如上下游水位边界面和自由渗出面等已知水头边界，$H(x, y, z)\,|_{\Gamma_1} = f(x, y, z)$，$f(x, y, z)$ 为已知的水头边界。Γ_2 为不透水边界面和潜流边界面等第二类边界（已知流量边界）。

$$K_x \frac{\partial H}{\partial x} l_x + K_y \frac{\partial H}{\partial y} l_y + K_z \frac{\partial H}{\partial z} l_z + q' = 0 \tag{12-2}$$

式中，l_x，l_y，l_z 是边界表面外法线的方向余弦，如 K_x，K_y，K_z 全相等，并且当 q' 为 0 时，则简化为不透水边界的熟知条件：

$$\frac{\partial H}{\partial n}\Big|_{\Gamma_2} = 0 \tag{12-3}$$

此处 n 为边界 Γ_2 上的外法线方向。Γ_3 为自由面边界，在浸润面上应同时满足 $H = z$

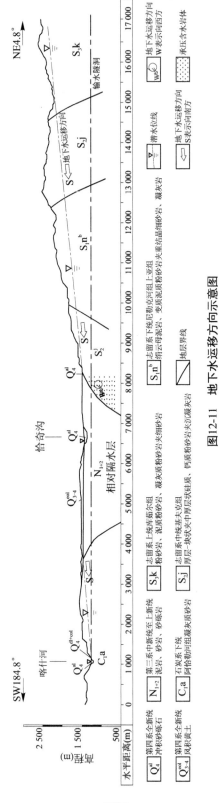

图12-11 地下水运移方向示意图

表 12-5　洞线附近地下水、地表水水质分析成果

离子分析 项目编号 分析指标	样品原标识	样品性状	单位	报告单	JDZK34与JDZK17之间小溪	JDZK45与JDZK33之间小溪	恰奇沟-水1	恰奇沟-水2	胡吉尔沟-水1	胡吉尔沟-水2	JDZK17-1	JDZK17-2	JDZK34-1	JDZK34-2	JDZK45-1	JDZK45-2	JDZK46-1	JDZK46-2
样品性状					液体	液体	液体	液体	液体	液体	液体	液体	液体	液体	液体	液体	液体	液体
					水样	水样	水样	水样	水样	水样	水样	水样	水样	水样	水样	水样	水样	水样
K^+			mg/L	0.05	1.69	1.74	0.62	0.62	0.54	0.58	1.51	1.53	1.69	1.57	1.81	1.71	1.99	1.83
Na^+			mg/L	0.05	23.05	22.91	1.83	1.81	3.00	3.06	221.61	220.83	224.58	225.69	242.24	242.18	233.93	233.43
Ca^{2+}			mg/L	0.1	57.89	58.22	43.27	43.33	40.90	40.88	27.56	25.75	26.45	26.45	26.97	28.03	27.35	26.99
Mg^{2+}			mg/L	0.1	16.23	16.24	11.32	11.36	7.90	7.90	4.62	4.51	2.59	2.55	2.09	2.14	1.54	1.45
F^-			mg/L	0.02	0.56	0.55	0.10	0.10	0.10	0.09	7.16	7.12	7.12	7.15	7.45	7.50	7.21	7.24
NO_3^--N			mg/L	0.08	5.64	5.74	1.58	1.58	1.62	1.63	2.79	2.80	2.78	2.82	2.77	2.82	2.82	2.79
Cl^-			mg/L	0.1	2.08	2.05	0.76	0.76	0.75	1.15	118.56	117.82	124.58	125.47	166.25	165.32	143.81	143.41
SO_4^{2-}			mg/L	0.2	17.91	17.90	13.26	13.25	13.29	14.68	298.31	296.88	298.61	300.59	295.15	294.20	297.21	297.15
OH^-			mg/L	2	<2	<2	<2	<2	<2	<2	<2	<2	<2	<2	<2	<2	<2	<2
CO_3^{2-}			mg/L	5	6.17	5.95	13.57	13.26	<5	<5	<5	<5	<5	<5	7.40	7.66	<5	<5
HCO_3^-			mg/L	5	265.34	272.24	163.72	164.98	149.29	147.41	68.37	67.12	61.47	60.85	43.91	45.16	52.69	53.95

和 $\dfrac{\partial H}{\partial n} = 0, z$ 为该面上某点的位置高度或其竖向坐标。$\Gamma + \Gamma_2 + \Gamma_3$ 构成渗流场的整个边界。

对于稳定渗流场,根据变分原理可将上述边界问题的求解等价于泛函 $X(H)$ 的极值问题,可表达如下:

$$X(H) = \frac{1}{2} \iiint_{\Omega} \left[K_x \left(\frac{\partial H}{\partial x} \right)^2 + K_y \left(\frac{\partial H}{\partial y} \right)^2 + K_z \left(\frac{\partial H}{\partial z} \right)^2 \right] \mathrm{d}x\mathrm{d}y\mathrm{d}z + \iint_{\Gamma_2} qH\mathrm{d}\Gamma = \min \quad (12\text{-}4)$$

将三维问题渗流场 Ω 离散化,剖分为 M_e 个互不相交的单元体 Ω_e,$\Omega = \overset{M_e}{\underset{e=1}{\cup}} \Omega_e$,$\Omega_i \cap \Omega_j = \Phi(i \neq j)$,则在单元体之间满足相容条件下可任意选择合适的单元类型和对应的基函数。设单元体的基函数 N_i 是由单元体相应的 M 个结点的位置坐标构成,则单元体 e 的水头表达式为:

$$H = \sum_{i=1}^{M} N_i H_i \quad (12\text{-}5)$$

将式(12-5)代入式(12-4)中,并以 $X^e(H)$ 表示单元体 Ω_e 的泛函,即:

$$X^e(H) = \frac{1}{2} \iiint_{\Omega_e} \left[K_x \left(\frac{\partial H}{\partial x} \right)^2 + K_y \left(\frac{\partial H}{\partial y} \right)^2 + K_z \left(\frac{\partial H}{\partial z} \right)^2 \right] \mathrm{d}x\mathrm{d}y\mathrm{d}z + \iint_{\Gamma_2} qH\mathrm{d}\Gamma = X_1^e + X_2^e \quad (12\text{-}6)$$

式中,Ω 是渗流场的整个区域,而 H 为所求的水头函数。对 X_1^e 和 X_2^e 分别求导数和极小值。对于(12-6)式第一项 X_1^e 有

$$X_1^e = \frac{1}{2} \iiint_{\Omega_e} \left[K_x \left(\frac{\partial H}{\partial x} \right)^2 + K_y \left(\frac{\partial H}{\partial y} \right)^2 + K_z \left(\frac{\partial H}{\partial z} \right)^2 \right] \mathrm{d}x\mathrm{d}y\mathrm{d}z \quad (12\text{-}7)$$

上式对单元各结点水头 $H_1, H_2, \cdots, H_M$ 求导数

$$\frac{\partial X_1^e}{\partial H_i} = \frac{1}{2} \iiint_{\Omega_e} \left[k_x \frac{\partial}{\partial H_i} \left(\frac{\partial H}{\partial x} \right)^2 + k_y \frac{\partial}{\partial H_i} \left(\frac{\partial H}{\partial y} \right)^2 + k_z \frac{\partial}{\partial H_i} \left(\frac{\partial H}{\partial z} \right)^2 \right] \mathrm{d}x\mathrm{d}y\mathrm{d}z \quad (12\text{-}8)$$

将式(12-5)代入式(12-8),并令 $K_{ij} = \iiint_{\Omega_e} \left(k_x \dfrac{\partial N_i}{\partial x} \dfrac{\partial N_j}{\partial x} + k_x \dfrac{\partial N_i}{\partial y} \dfrac{\partial N_j}{\partial y} + k_x \dfrac{\partial N_i}{\partial z} \dfrac{\partial N_j}{\partial z} \right) \mathrm{d}x\mathrm{d}y\mathrm{d}z$,则

$$\left\{ \frac{\partial X_1}{\partial H_i} \right\}^e = [K]^e \{H\}^e \quad (12\text{-}9)$$

分析式(12-6)中的第二项 X_2^e,它是一面积分,表示单元 Ω_e 的 Γ_2 边界的流量边界条件。设单元结点 i 的分配流量为 q,则 $q = \sum_{i=1}^{M} N_i q_i$。因此:

$$\frac{\partial X_2^e}{\partial H_i} = \frac{\partial}{\partial H_i} \iint_{\Omega_e \cap \Gamma_2} qH\mathrm{d}\Gamma = \iint_{\Omega_e \cap \Gamma_2} \frac{q \partial H}{\partial H_i} \mathrm{d}\Gamma = \sum_{k=1}^{M} q_k \iint_{\Omega_e \cap \Gamma_2} N_k N_i \mathrm{d}\Gamma \quad (12\text{-}10)$$

令 $D_{ij} = \iint_{\Omega_e \cap \Gamma_2} N_i N_j \mathrm{d}\Gamma$,则有

$$\left\{ \frac{\partial X_2}{\partial H_i} \right\}^e = [D]^e \{q\}^e \quad (12\text{-}11)$$

这样,对于稳定渗流场的任意单元 e,有

$$\left\{ \frac{\partial \mathcal{X}}{\partial H} \right\}^e = [K]^e \{H\}^e + [D]^e \{q\}^e \qquad (12\text{-}12)$$

对稳定渗流场所有单元的泛函求得微分后叠加,并利用 $\mathcal{X}(H)$ 极小值的条件,有

$$\frac{\partial}{\partial H}(\mathcal{X}(H)) = \sum_{j=1}^{N_i'} \frac{\partial \mathcal{X}^e(H)}{\partial H_i} = 0 , \quad i = 1, 2, \cdots, N \qquad (12\text{-}13)$$

式中,N_i' 为以 i 为公共结点的单元数。上式已知水头边界结点将形成常数项,如此,通过计算式(12-13)后,并将常数项移到等号右端,得 N 个未知结点的线性代数方程组。写为矩阵形式:

$$[K]\{H\} + [D]\{q\} = \{F\} \qquad (12\text{-}14)$$

其中 $\{F\}$ 为已知常数项,由已知水头结点的贡献得出,当矩阵 $[D]$ 为 0 时,三维空间稳定渗流有限元法的计算公式即为:

$$[K]\{H\} = \{F\} \qquad (12\text{-}15)$$

式中　$[K]$ ——渗透矩阵;

　　　$\{H\}$ ——渗流场未知结点水头列向量;

　　　$\{F\}$ ——自由项。

解式(12-15)即得各点水头函数值。

12.1.6.3　灌浆方案及计算参数

如图 12-12 所示,在超前预注浆标准循环段中,每个循环钻灌 42.5 m,开挖 33.5 m,预留 8 m 止浆岩塞,灌浆圈厚度为 8 m。

计算断面如图 12-13 所示,断面材料定义为透水层 S_2J^1,不透水层及断层 F、F_{69}。

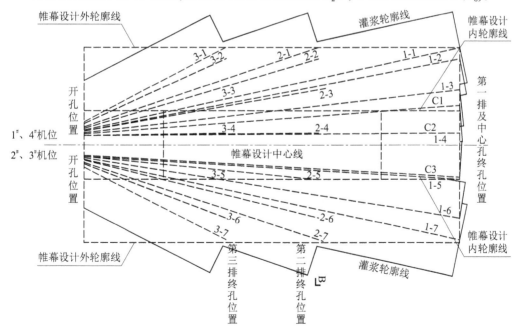

图 12-12　超前预注浆示意图

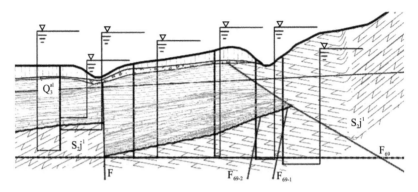

图 12-13　输水隧洞计算断面图

材料选取的渗透系数见表 12-6。

表 12-6　　　　　　　　　　　　计算用渗流系数

序号	项目	渗透系数 $K(\mathrm{m/s})$
1	灌浆圈	5.31E−7
2	透水层 S_2J^1	5.80E−6
3	不透水层	1E−8
4	断层	2.45E−5

边界条件如图 12-14 所示,对模型侧面施加 400 m 总水头,并在掌子面与断层接触处设置长度为 10 m 的溢出边界。

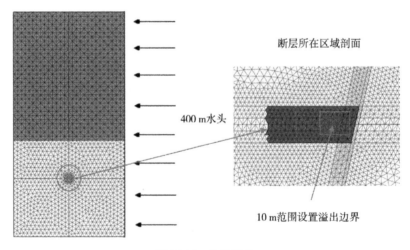

图 12-14　边界条件

12.1.6.4　计算结果

1.断层 F 计算结果

断层 F 计算结果如图 12-16~图 12-21 所示。断层 F 流量见表 12-7。

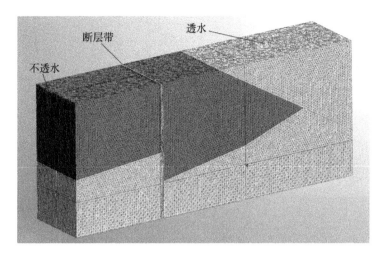

图 12-15   整体模型

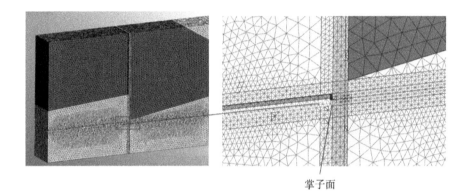

图 12-16   不灌浆模型

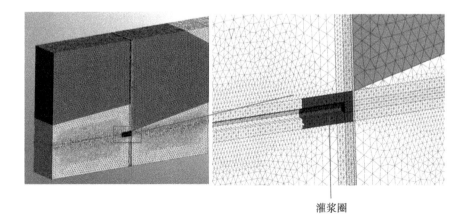

图 12-17   灌浆模型

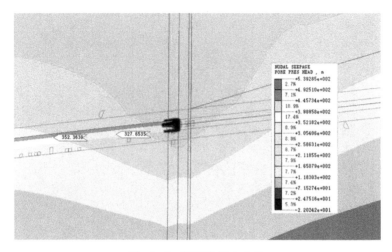

图 12-18 不灌浆压力水头

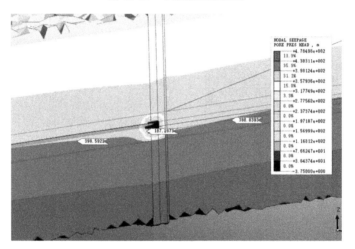

图 12-19 灌浆后压力水头

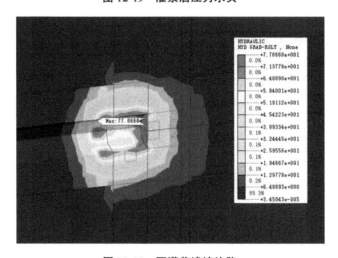

图 12-20 不灌浆渗流比降

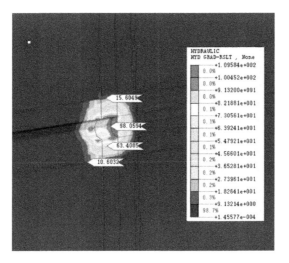

图 12-21 灌浆后渗流比降

灌浆之后灌浆圈附近承受了更大的水头,所以渗流比降更高。

表 12-7 断层 F 流量

项目	流量(m^3/s)	流量(m^3/d)
不灌浆	0.274 5	23 717
不灌浆(断层改成砂岩)	0.168 4	14 550
灌浆 5 Lu	0.020 3	1 754
灌浆 3 Lu	0.012 3	1 063

2.断层 F_{69-2} 计算结果

断层 F_{69-2} 计算结果如图 12-22～图 12-28 所示。断层 F_{69-2} 流量见表 12-8。

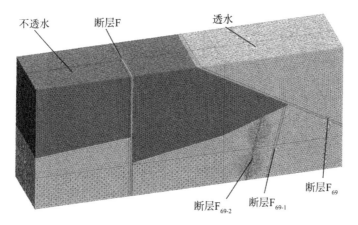

图 12-22 断层 F_{69-2} 整体模型

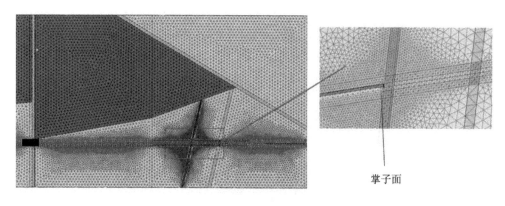

图 12-23　不灌浆模型

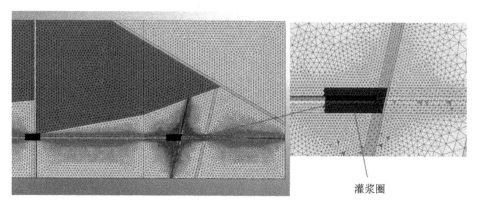

图 12-24　灌浆模型

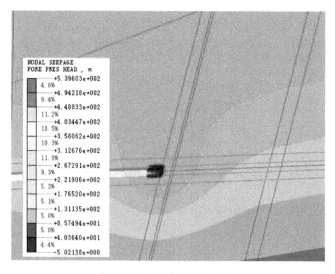

图 12-25　不灌浆压力水头

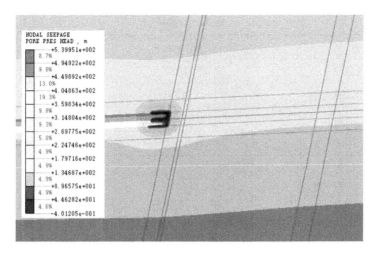

图 12-26   灌浆压力水头

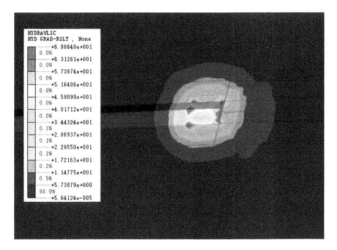

图 12-27   不灌浆水力坡降

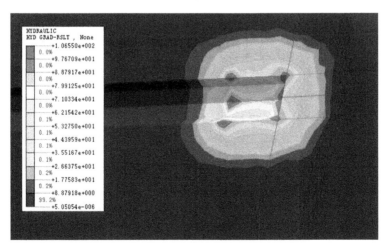

图 12-28   灌浆后水力坡降

表 12-8   断层 $F_{69\text{-}2}$ 流量

项目	流量（m^3/s）	流量（m^3/d）
不灌浆	0.235 3	20 330
不灌浆（断层改成砂岩）	0.137 4	11 869
灌浆 5 Lu	0.019 6	1 693
灌浆 3 Lu	0.011 9	1 033

12.1.7 结论及建议

前文计算了 2 条断层带可能的涌水量。对于断层 F，不灌浆时单日流量为 23 717 m^3，灌浆圈为 8 m 时单日流量为 1 754 m^3；对于断层 $F_{69\text{-}2}$，不灌浆时单日流量为 20 330 m^3，灌浆圈为 8 m 时单日流量为 1 693 m^3。

12.2 软岩地区长距离、小洞径隧洞顶管掘进机应用关键技术研究

12.2.1 概述

重庆市观景口水利枢纽工程输水线路总长 24.97 km，其中 7 段无压隧洞投影长约 19.041 km。工程等别为 Ⅱ 等，工程规模为大（2）型，主要建筑物级别为 2 级。

目前，国内外在市政、交通、石油等部门开始采用顶管掘进机技术，施工进度快、对围岩扰动小、安全性高。由于具有不破坏地下和地表环境，可降低工作强度和提高工作地点的安全性等显著优点，未来软岩地区长距离、小洞径隧洞顶管掘进机施工技术将更多的应用于水工隧洞施工，这也是未来水利工程安全、环保施工的发展方向之一。

本输水工程为 Ⅱ 等工程，隧洞等主要建筑物级别为 2 级，输水线路分布的地层主要为侏罗系上统至三叠系下统的泥岩、砂岩和碳酸岩等软岩，沿线地质条件总体较复杂，洞室围岩以 Ⅳ 类为主，岩土的物理力学参数建议值详见表 12-9。

表 12-9   输水隧洞围岩物理力学指标

地层代号	岩性	围岩类别	天然密度（g/cm^3）	弹性模量（GPa）	变形模量（GPa）	泊松比	单位弹性抗力系数（MPa/cm）	
							有压洞	无压洞
$J_1z \sim J_3p$	砂岩 粉砂岩 泥岩	Ⅲ	2.55	2~3	1.5~2	0.33	20~25	5~8
		Ⅳ	2.55	1.5~2	1.0~1.2	0.35~0.36	5~8	2~3
		Ⅴ	2.50	1.0~1.2	0.8	0.39	—	0.21
		Ⅵ	2.40	—	—	—	—	0.16

本工程隔水层与含水层相间分布,具有多层地下水,没有统一地下水位,并且输水线路隧洞基本位于地下水位以下。对照全线地质剖面图地下水分布情况,选取线路中遇到的外水压力最大值 300 m 水头。

12.2.2 主要研究内容及依据规范

12.2.2.1 主要研究内容

(1)长距离、小断面软岩地层中顶管掘进机三维有限元仿真应力分析。

(2)超长距离顶管软岩岩石地质条件超前预报及超前注浆加固技术研究。

(3)软岩隧洞围岩变形研究。

(4)顶管掘进机施工条件下软岩隧洞围岩分类方法研究。

(5)施工进度、单向连续最大顶进长度及两者关系研究。

(6)岩石顶进条件下,提高和保持触变泥浆注浆减阻效果的方法。

12.2.2.2 依据规范

表 12-10 列出了本研究所用规范号及规范名称。

表 12-10   计算所用规范号及规范名称

规范号	规范
SL 279—2016	《水工隧洞设计规范》
SL 191—2008	《水工混凝土结构设计规范》
DL 5077—1997	《水工建筑物荷载设计规范》
GB 50086—2015	《岩土锚杆与喷射混凝土支护工程技术规范》

12.2.3 长距离、小断面软岩地层中顶管掘进机三维有限元仿真应力分析

12.2.3.1 计算程序

MIDAS/GTS 是岩土专业通用的分析软件,它的分析功能有应力分析、渗流分析、应力-渗流耦合分析、固结分析、动力分析、边坡稳定分析等岩土领域所必需的几乎所有的分析功能。MIDAS/GTS 在建立具有复杂地层,地表形状的模型,隧道洞门,T 型、Y 型连接隧道,弯曲隧道,带竖井的隧道,上下交叠隧道等高难度复杂模型时非常方便。对于较为规则的隧道,程序提供了建模助手,用户只需要输入一些基本参数就可以生成三维的施工阶段模拟模型。建模助手中提供了全断面、导坑法、单向、双向开挖隧道,并联隧道等多种形式隧道的选项。

12.2.3.2 计算原理

1.有限元法的基本构架

目前在工程领域内常用的数值模拟方法有:有限元法、边界元法、离散单元法和有限差分法,就其广泛性而言,主要还是有限单元法。它的基本思想是将问题的求解域划分为一系列的单元,单元之间仅靠节点相连。单元内部的待求量可由单元节点量通过选定的

函数关系插值得到。由于单元形状简单,易于平衡关系和能量关系建立节点量的方程式,然后将各单元方程集组成总体代数方程组,计入边界条件后可对方程求解。

有限元的基本构成如下:

(1)节点(Node)。就是考虑工程系统中的一个点的坐标位置,构成有限元系统的基本对象。具有其物理意义的自由度,该自由度为结构系统受到外力后系统的反应。

(2)单元(Element)。单元是节点与节点相连而成,单元的组合由各节点相互连接。不同特性的工程,可选用不同种类的单元,ANSYS 提供了 100 多种单元,故使用时必须慎重选择单元类型。

(3)自由度(Degree of Freedom)。上面提到节点具有某种程度的自由度,以表示工程系统受到外力后的反应结果。每种单元类型都有自己的自由度。

12.2.3.3 计算工况、参数及荷载组合

隧洞衬砌型式为圆形断面,计算时选取施工期、运行期和检修期 3 种工况,通过对隧洞在承受各种荷载(内水压力、外水压力、弹性抗力、灌浆压力、围岩压力、自重、地应力)作用下的受力分析,计算隧洞的衬砌内力及配筋情况。荷载分项系数及组合见表 12-11。

表 12-11 各计算工况荷载组合

荷载	分项系数	基本组合		特殊组合
		运行期	检修期	施工期
衬砌自重	1.05	√	√	√
内水压力	1.2	√	—	—
外水压力	1.2	√	√	—
山岩压力	1.2	√	√	√
弹性抗力	—	√	√	√
灌浆压力	1.3	—	—	√

(1)管道混凝土参数如下所述。

混凝土 C50;

弹性模量:34 500 MPa;

泊松比:0.167;

重度:25.0 kN/m³;

混凝土管厚度:26 cm;

抗压设计强度:23.1 MPa;

抗拉设计强度:2.00 MPa。

(2)盾壳参数如下所述。

弹性模量:210 000 MPa;

泊松比:0.2;

重度:78.0 kN/m³;

盾壳厚度:1.6 cm。

12.2.3.4 运用 MIDAS/GTS 三维计算模型及分析步骤

运用 MIDAS/GTS 对洞室开挖进行三维计算分析,可以模拟隧洞的开挖、盾壳的支护、顶管的作用、注浆的影响等,计算得到洞室周边位移的变化、管道的应力及位移计算结果。MIDAS/GTS 分步开挖仿真模拟的步骤见表 12-12。假定模型沿洞轴线方向为 y 方向,铅垂方向为 z 方向。为避免周边约束对隧洞计算结果的影响,隧洞四周分取 5 倍的洞径。三维分析时,对模型的左/右侧,约束 x 方向位移,对前/后方向,约束 y 方向位移,对上下部约束 z 向位移。三维整体模型及开挖示意图如图 12-29～图 12-32 所示。

表 12-12　　　　　　　　　　分析步骤及对应的模拟内容

分析步骤	对应模拟内容
步骤 1	激活计算模型,施加地应力和相应的约束条件
步骤 2	开挖掉第 1 段部分的围岩,激活第 1 段盾壳
步骤 3	继续开挖第 2 段部分的围岩,激活第 2 段盾壳和第 1 段的管道、泥浆,施加洞轴向顶管压力和管道径向注浆压力,钝化掉第 1 段的管壳
步骤 4	继续开挖第 3 段部分的围岩,激活第 3 段盾壳和第 2 段的管道、泥浆,施加洞轴向顶管压力和管道径向注浆压力,钝化掉第 2 段的管壳
步骤 5	继续开挖第 4 段部分的围岩,激活第 4 段盾壳和第 3 段的管道、泥浆,施加洞轴向顶管压力和管道径向注浆压力,钝化掉第 3 段的管壳
步骤 6	继续开挖第 5 段部分的围岩,激活第 5 段盾壳和第 4 段的管道、泥浆,施加洞轴向顶管压力和管道径向注浆压力,钝化掉第 4 段的管壳
步骤 7	激活 5 段的管道、泥浆,施加洞轴向顶管压力和管道径向注浆压力,钝化掉第 5 段的管壳
步骤 8	施加一定的外水压力

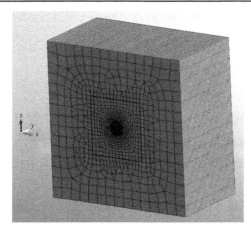

图 12-29　三维模型单元示意图(5 倍洞径范围内)

图 12-30　隧洞开挖顺序模拟示意图(第 1 步)

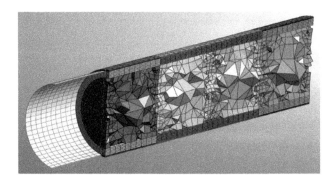

图 12-31　隧洞开挖顺序模拟示意图(第 2 步)

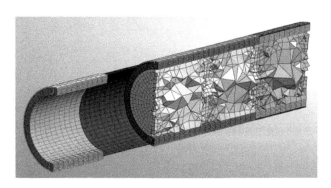

图 12-32　隧洞开挖顺序模拟示意图(第 3 步)

12.2.3.5　运用 MIDAS/GTS 三维计算模型计算结果

Ⅳ类围岩管道计算结果分析。顶管推力为 1 000 t,分别计算泥浆压力 0.2 MPa、泥浆压力 0.4 MPa、外水压力 1 MPa 时的管道应力,其结果见表 12-13 和图 12-33~图 12-41。顶管推力为 1 400 t,分别计算泥浆压力 0.2 MPa、泥浆压力 0.4 MPa、外水压力 1 MPa 时的管道应力,其结果见表 12-14。

C50 混凝土轴心抗拉强度设计值 1.89 MPa,抗压强度设计值 23.1 MPa,抗剪强度设计值 2.9 MPa。

表 12-13 顶管推力为 1 000 t 时管道应力取值范围 （单位：MPa）

压力	环向	轴向	第 1 主应力	第 3 主应力	最大剪应力
泥浆压力 0.2 MPa	1.33	−4.12~−4.14	−0.18~−0.03	−4.14~−4.12	1.97~2.05
泥浆压力 0.4 MPa	2.66	−4.11~−4.15	−0.36~−0.06	−4.15~−4.11	1.88~2.04
泥浆压力 0.6 MPa	3.99	−4.10~−4.16	−0.54~−0.09	−4.10~−4.16	1.78~2.03
外水压力 0.8 MPa	5.32	−4.10~−4.17	−0.72~−0.12	−5.34~−4.48	1.87~2.61
外水压力 0.9 MPa	5.98	−4.09~−4.18	−0.81~−0.14	−6.00~−5.04	2.11~2.93
外水压力 1.0 MPa	6.65	−4.08~−4.18	−0.90~−0.16	−6.68~−5.60	2.35~3.26

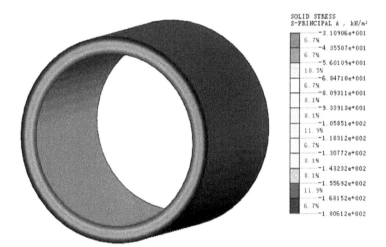

图 12-33 顶管推力为 1 000 t 泥浆压力 0.2 MPa 时管道第 1 主应力

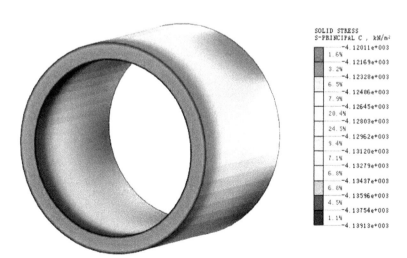

图 12-34 顶管推力为 1 000 t 泥浆压力 0.2 MPa 时管道第 3 主应力

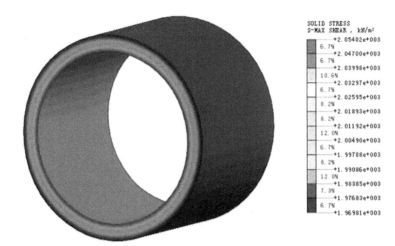

图 12-35 顶管推力为 1 000 t 泥浆压力 0.2 MPa 时管道剪应力

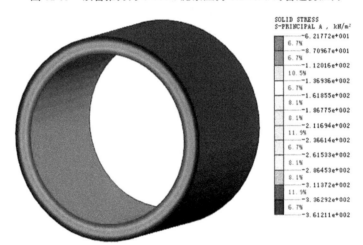

图 12-36 顶管推力为 1 000 t 泥浆压力 0.4 MPa 时管道第 1 主应力

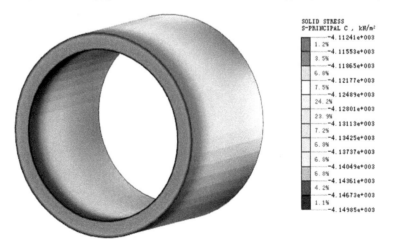

图 12-37 顶管推力为 1 000 t 泥浆压力 0.4 MPa 时管道第 3 主应力

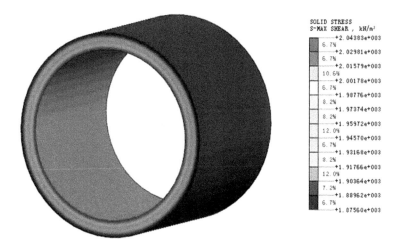

图 12-38 顶管推力为 1 000 t 泥浆压力 0.4 MPa 时管道剪应力

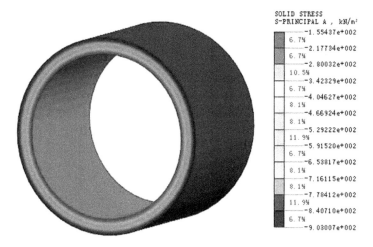

图 12-39 顶管推力为 1 000 t 外水压力 1.0 MPa 时管道第 1 主应力

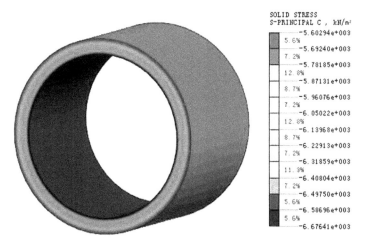

图 12-40 顶管推力为 1 000 t 外水压力 1.0 MPa 时管道第 3 主应力

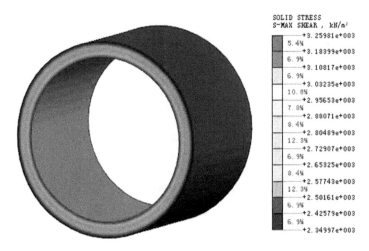

图 12-41　顶管推力为 1 000 t 外水压力 1.0 MPa 时管道剪应力

表 12-14　　　　　　　　顶管推力为 1 400 t 时管道应力取值范围　　　　　（单位：MPa）

压力	环向	轴向	第 1 主应力	第 3 主应力	最大剪应力
泥浆压力 0.1 MPa			−0.09～−0.02	−5.78～−5.77	2.84～2.88
泥浆压力 0.2 MPa			−0.18～−0.03	−5.79～−5.77	2.79～2.88
泥浆压力 0.4 MPa			−0.36～−0.06	−5.80～−5.76	2.70～2.87
外水压力 0.6 MPa			−0.54～0.09	−5.81～−5.75	2.61～2.86
外水压力 0.8 MPa			−0.72～−0.12	−5.82～−5.74	2.51～2.85
外水压力 0.9 MPa			−0.81～−0.14	−6.00～−5.74	2.46～2.93
外水压力 1.0 MPa	6.64	−5.74～−5.83	−0.90～−0.16	−6.68～−5.74	2.42～3.26

12.2.3.6　MIDAS 三维计算模型及分析

1.计算模型

三维整体计算有限元模型如图 12-42 所示,管道单元划分模型如图 12-43 所示,管道内环向、纵向钢筋单元划分模型如图 12-44 和图 12-45 所示。MIDAS 软件中用 SOLID65 单元来模拟钢筋混凝土,其参数主要包括弹性模量、泊松比、张开和闭合滑移面的剪切强度缩减系数、单轴抗拉与抗压强度、极限双轴抗压强度、周围静水压力状态、静水压力状态下单轴与双轴压缩的极限抗压强度、断裂发生时刚度因子。

2.计算结果

顶管推力为 1 000 t,分别计算泥浆压力 0.2 MPa、外水压力 1.0 MPa 时的管道应力,其结果见表 12-15 和图 12-46～图 12-49。顶管推力为 1 400 t,分别计算泥浆压力 0.2 MPa、外水压力 1.0 MPa 时的管道应力,其结果见表 12-16 和图 12-50～图 12-53。C50 混凝土轴心抗拉强度设计值 1.89 MPa,抗压强度设计值 23.1 MPa,抗剪强度设计值 2.9 MPa。

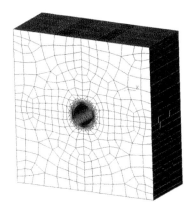

图 12-42　三维整体计算有限元模型

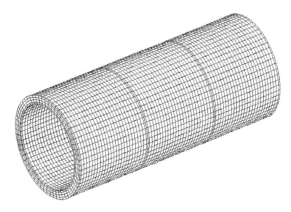

图 12-43　管道单元划分模型

图 12-44　管道内环向钢筋单元划分模型

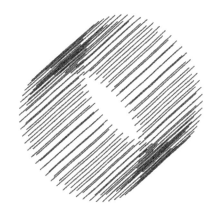

图 12-45　管道内纵向钢筋单元划分模型

ANSYS 软件计算时考虑了钢筋在混凝土中的作用,故管道第 1 主应力、第 3 主应力的计算结果和 MIDAS(未考虑钢筋)的计算结果有所差异。

表 12-15　　　　　顶管推力为 1 000 t 时管道应力取值范围　　　　(单位:MPa)

压力	第 1 主应力	第 3 主应力
泥浆压力 0.2 MPa	−0.32~0.29	−5.26~−3.61
外水压力 1.0 MPa	−0.99~0.11	−6.83~5.01

表 12-16　　　　　顶管推力为 1 400 t 时管道应力取值范围　　　　(单位:MPa)

压力	第 1 主应力	第 3 主应力
泥浆压力 0.2 MPa	−0.41~0.43	−7.39~−4.93
外水压力 1.0 MPa	−1.01~0.24	−7.10~−5.48

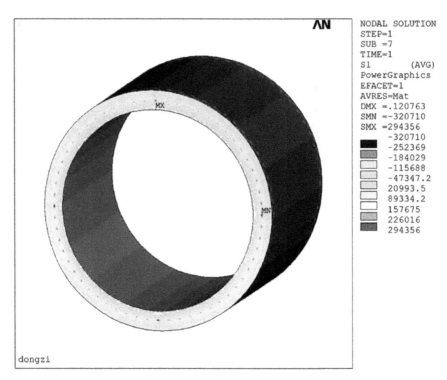

图 12-46 顶管推力为 1 000 t、泥浆压力 0.2 MPa 时管道第 1 主应力

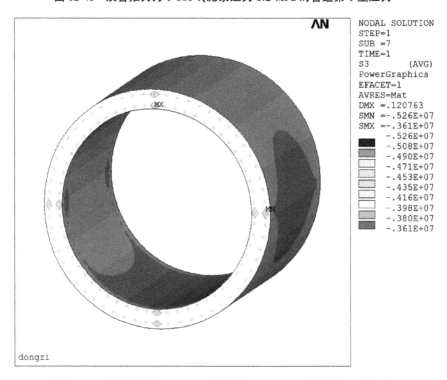

图 12-47 顶管推力为 1 000 t、泥浆压力 0.2 MPa 时管道第 3 主应力

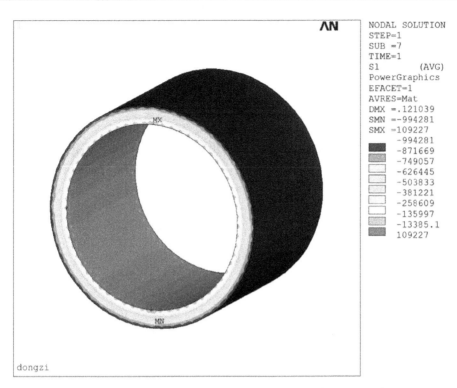

图 12-48　顶管推力为 1 000 t、外水压力 1.0 MPa 时管道第 1 主应力

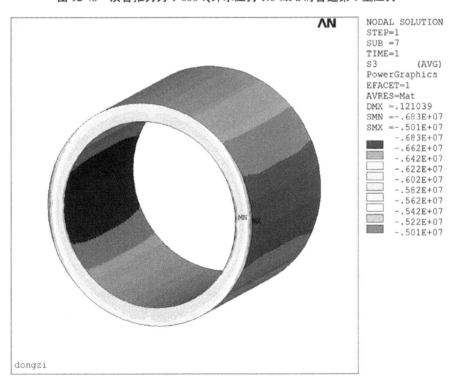

图 12-49　顶管推力为 1 000 t、外水压力 1.0 MPa 时管道第 3 主应力

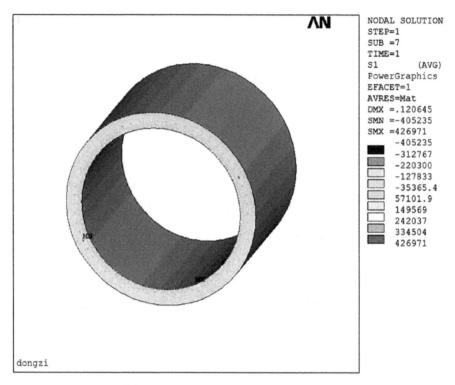

图 12-50　顶管推力为 1 400 t、泥浆压力 0.2 MPa 时管道第 1 主应力

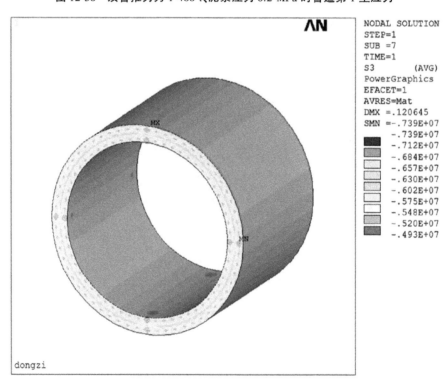

图 12-51　顶管推力为 1 400 t、泥浆压力 0.2 MPa 时管道第 3 主应力

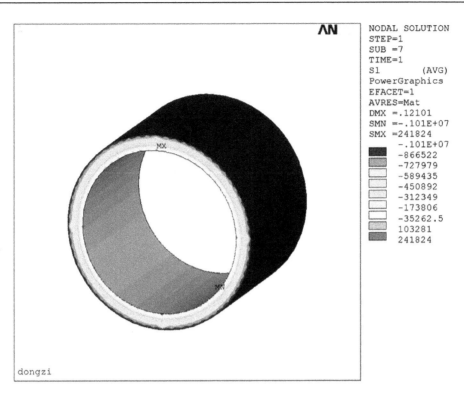

图 12-52　顶管推力为 1 400 t、外水压力 1.0 MPa 时管道第 1 主应力

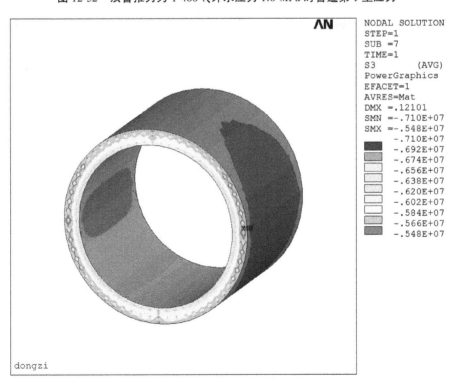

图 12-53　顶管推力为 1 400 t、外水压力 1.0 MPa 时管道第 3 主应力

12.3　平顶山市区及叶县供水穿越南水北调工程三维计算

12.3.1　工程概况

平顶山市南水北调 11 号澎河分水口门改造工程专题设计及安全评价报告、输水管线穿越澎河渡槽专题设计。

主要任务是在满足河道防洪要求的基础上,通过实施生态廊道、输水管道设计来满足工程要求。

12.3.2　计算依据及任务

12.3.2.1　依据文件

(1)1000 澎河分水口管线穿越布置-4b~0911+顶管布置。

(2)澎河涵式渡槽地质剖面图+顶管。

(3)总干渠渠道横断面图+顶管位置。

(4)13 澎河分水闸报告 2010.4。

12.3.2.2　计算任务

(1)穿越总干渠方案 10 m、22 m 两个埋深的变形和应力计算。

(2)穿越渡槽方案的 6 m,13 m,22 m 三个埋深的变形和应力计算。

(3)涵洞铺设管道的变形和应力计算。

12.3.3　计算软件与计算参数

12.3.3.1　计算软件

本报告采用 GTS/NX(水工 023)对穿越工程进行三维有限元应力和变形计算。MIDAS/GTS /NX(New Experience of Geo-Technical analysis System)是一款针对岩土领域研发的通用有限元分析软件,支持线性/非线性静力分析、线性/非线性动态分析、渗流和固结分析、边坡稳定分析、施工阶段分析等多种分析类型,而且可进行渗流-应力耦合、应力-边坡耦合、渗流-边坡耦合、非线性动力分析-边坡耦合等多种耦合分析。广泛适用于地铁、隧道、边坡、基坑、桩基、水工、矿山等各种实际工程的准确建模与分析。

12.3.3.2　计算参数

计算参数及成果见表 12-17~表 12-19。

表 12-17　　　　　　　　　　土、岩力学参数建议值

地层代号	岩性	压缩系数 $a_{v0.1-0.2}$（MPa^{-1}）	压缩模量 E_s(MPa)	饱和固结快剪 内聚力 C_{cq}(kPa)	内摩擦角 φ_{cq}(°)	饱和快剪 内聚力 C_q(kPa)	内摩擦角 φ_q(°)	承载力标准值 f_k(kPa)
alQ$_4^1$	粉质壤土	0.25~0.30	6	20	21	20	15	140

续表 12-17

地层代号	岩性	压缩系数	压缩模量	饱和固结快剪		饱和快剪		承载力标准值
				内聚力	内摩擦角	内聚力	内摩擦角	
		$a_{v0.1\sim0.2}$ (MPa^{-1})	E_s(MPa)	C_{cq}(kPa)	φ_{cq}(°)	C_q(kPa)	φ_q(°)	f_k(kPa)
alQ$_4^1$	含有机质壤土	0.30~0.45	2.5			18	12	80
	砂砾石		15	0	32			300
N	砂砾岩		20	0	33			380
P$_{t2}^{d-x}$	石英砂岩		3 000					

注:参数取自《13 澎河分水闸报告 2010.4》。

表 12-18　　　　　　距干渠底部各埋深穿越干渠方案计算成果　　　　　（单位:cm）

项目	洞壁收敛位移	干渠底部沉降	干渠顶部沉降
10 m(alQ$_3$ 砂砾石)	5.82	0.25	0.21
	10.18	0.43	0.37
20 m（N 砂砾岩）	5.95	0.24	0.23
	10.42	0.43	0.40

表 12-19　　　　　　深入砂砾石距底板各埋深计算成果　　　　　（单位:cm）

项目	洞壁收敛位移	上游侧渡槽沉降	下游侧渡槽沉降
6 m(alQ$_3$ 砂砾石)	5.67	0.515	0.584
13 m(N 砂砾岩)	5.25	0.615	0.624
22 m(石英砂岩)	0.11	0.014	0.013

12.3.4　计算模型、边界条件与荷载

12.3.4.1　计算模型

　　根据穿越南水北调干渠及渡槽总平面布置图,各方案布置图剖面三维计算依据地质剖面图、工程布置平面图以及典型断面图建立三维计算几何模型,计算三维有限元模型如图 12-54 与图 12-55 所示。三维计算模型分为穿越主干渠和穿越渡槽两个模型,不同材料赋予相应的计算参数。

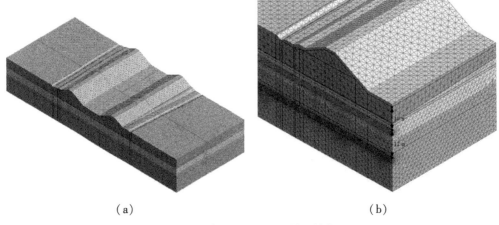

（a）　　　　　　　　　　　　　　（b）

图 12-54　穿越主干渠三维模型整体图

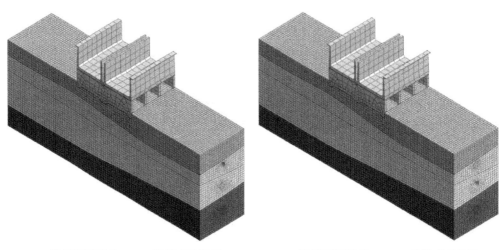

（a）管顶距涵洞底 6 m 三维模型整体图　　　　　（b）管顶距涵洞底 13 m 三维模型整体图

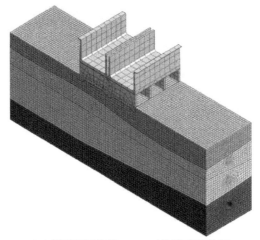

（c）管顶距涵洞底 22 m 三维模型整体图

图 12-55　穿越渡槽三维模型整体图

12.3.4.2 边界条件

计算模型四周取法向约束,底部采用全约束。

12.3.4.3 计算荷载

(1)结构自重,取 $g = 9.81$ m/s²。

(2)水荷载,干渠中水位按设计水位 133.066 m,渡槽中水位按设计水位 132.655 m。

(3)地下水,渡槽地下水 121.00 m,干渠地下水 124.90 m。

(4)洪水按照 100 年一遇,126.71 m。

12.3.5 应力变形计算分析

12.3.5.1 穿越干渠方案计算结果

穿越干渠方案应力变形计算采用表 12-19 参数,首先计算模型初始应力状态并进行位移清零。在此基础上进行开挖,并通过控制应力释放系数进而控制变形量,观察混凝土底板应力变形。计算成果见表 12-20 和表 12-21。

表 12-20　　　　　距干渠底部 10 m 深穿越干渠方案计算成果　　　　　（单位:cm）

洞壁收敛位移	干渠底部沉降	干渠顶部沉降
5.82	0.25	0.21
10.18	0.43	0.37

表 12-21　　　　　距干渠底部 22 m 深穿越干渠方案计算成果　　　　　（单位:cm）

洞壁收敛位移	干渠底部板沉降	干渠顶部沉降
5.95	0.24	0.23
10.42	0.43	0.40

距干渠底部 10 m 深穿越干渠方案,洞壁变形云图如图 12-56 所示,干渠底部变形云图如图 12-57 所示。

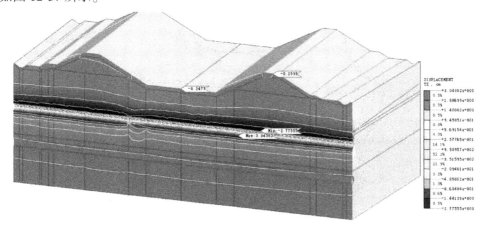

图 12-56　洞壁收敛变形 5.82 cm 云图

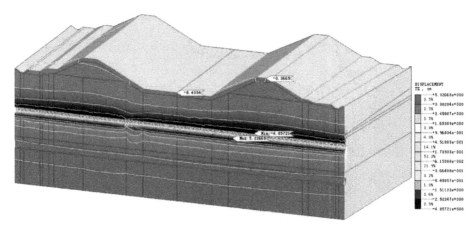

图 12-57　洞壁收敛变形 **10.18 cm** 云图

　　距干渠底部 22 m 深穿越干渠方案，洞壁变形云图如图 12-58 所示，干渠底部变形云图如图 12-59 所示。

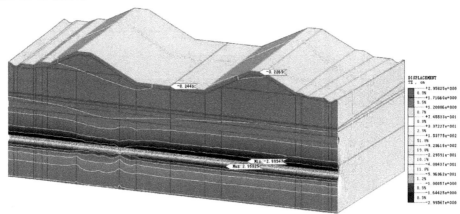

图 12-58　洞壁收敛变形 **5.95 cm** 云图

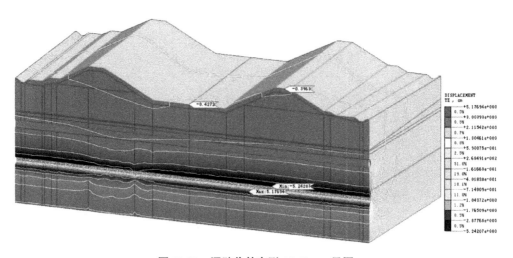

图 12-59　洞壁收敛变形 **10.42 cm** 云图

12.3.5.2 穿越渡槽方案计算结果

穿越渡槽方案应力变形计算采用表 12-18 参数,首先计算模型初始应力状态并进行位移清零。在此基础上进行开挖,并通过控制应力释放系数进而控制变形量,观察混凝土底板应力变形。计算结果见表 12-21 和表 12-22。

模型位移云图如图 12-60~图 12-62 所示。

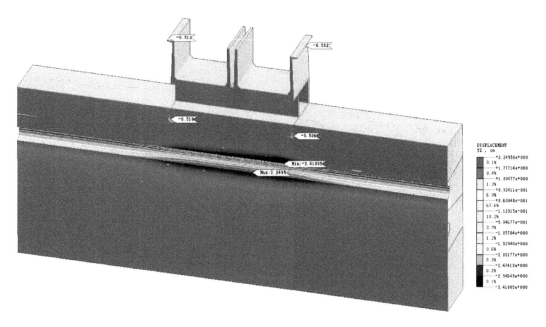

图 12-60　管顶距涵洞底 **6 m** 模型铅垂向位移云图

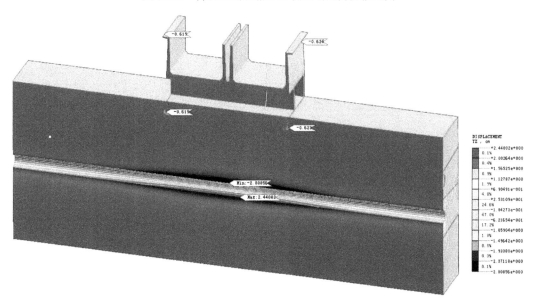

图 12-61　管顶距涵洞底 **13 m** 模型铅垂向位移云图

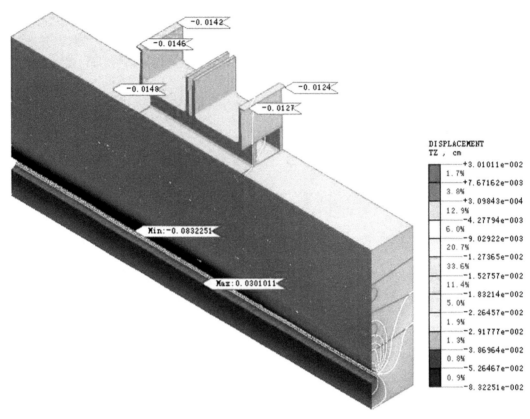

图 12-62　管顶距涵洞底 22 m 模型铅垂向位移云图

12.3.6　钢管结构复核

钢管结构复核结果见表 12-22 和表 12-23,应力云图如图 12-63 和图 12-64。

表 12-22　　　　　　　　　　　**各计算工况荷载计算**　　　　　　　　（单位:kPa）

	外水	垂直	水平	渡槽+水重(垂直均布)	渠道(垂直均布)
渡槽段距涵洞底 13 m	70	108.332	42.201	143.69	—
渠道段距渠底 10 m	70	83.439	33.229	—	200

表 12-23　　　　　　　　　　**最大上覆荷载下不同壁厚的钢管应力**　　　　（单位:MPa）

钢管壁厚	最大的 mises 应力	图号
壁厚 3 cm	65.1	图 12-63
壁厚 2 cm	143.0	图 12-64

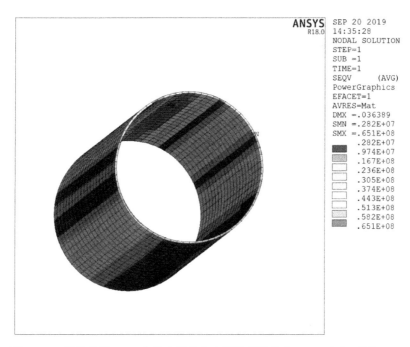

图 12-63　钢管壁厚 **3 cm** 在外水及最大上覆荷载下最大 **mises** 应力(单位:Pa)

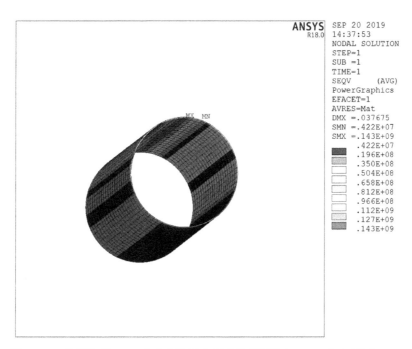

图 12-64　钢管壁厚 **2 cm** 在外水及最大上覆荷载下最大 **mises** 应力(单位:Pa)

12.4　某土石坝渗流、边坡稳定及应力变形计算分析研究

12.4.1　工程概况

　　某水电枢纽工程,天然径流平均流量 496 m³/s,年际和年内变化较小。水库正常蓄水位、设计洪水位、校核洪水位均为 308.50 m,死水位 308.20 m。总库容 10×10⁸ m³,发电引用流量 900 m³/s,装机容量 4×30 MW,多年平均发电量 6.87×10⁸ kW·h,装机年利用小时数 5 725 h,电站在系统中起调峰、调频和骨干作用。

　　枢纽工程由分区土石坝、三孔泄水闸、电站厂房、升压变电站、生活区建筑工程及进场公路等部分组成。

12.4.2　研究目的

　　针对某水电枢纽的土石坝工程,通过平面渗流、边坡稳定及应力变形计算分析,研究、论证坝体在施工期和运行期各种工况下的坝体、坝基的渗流状况及其渗透稳定性、坝体边坡的稳定性以及坝体的应力变形特性,并通过计算分析对大坝的整体工作性状和安全性作出判断,为工程的优化设计和施工提供参考依据。

12.4.3　研究内容

12.4.3.1　坝体平面渗流计算分析

　　选取坝体河床典型断面(0+160 断面、0+045 断面),分别进行以下内容的计算分析(其中对 0+160 断面分别进行原设计方案和现行设计方案的对比计算分析):

　　(1)确定坝体浸润线及其下游出逸点的位置,绘制坝体及坝基内的等势线分布图或流网图。

　　(2)确定库水位降落时上游坝坡内的浸润线位置。

　　(3)计算分析坝体坝基的渗透稳定性。

　　(4)通过上述计算分析成果,对坝体和坝基的抗渗安全性作出判断,并据此提出相应的工程处理措施建议。

　　计算工况分别为:

　　(1)上游正常蓄水位(308.50 m)与下游相应的正常水位(287.74 m)。

　　(2)上游设计洪水位(308.50 m)与下游相应的水位(292.37 m)。

　　(3)上游校核洪水位(308.50 m)与下游相应的水位(293.55 m)。

　　(4)库水位降落工况。

　　(5)渗流计算时考虑坝体和坝基渗透系数的各项异性,分 $k_x=k_y$,$k_x=5k_y$,$k_x=10k_y$ 三种情况计算。

12.4.3.2　坝体边坡稳定计算分析

　　采用简化毕肖普法,选取坝体河床典型断面(0+160 断面),对原设计方案和现行设

计方案情况下的坝体边坡进行下列工况的稳定计算分析：

（1）竣工后，坝体上、下游无水情况下，上、下游坝坡抗滑稳定安全系数。

（2）稳定渗流期（上游水位 308.50 m，下游水位 287.74 m），下游坝坡抗滑稳定安全系数。

（3）宣泄校核洪水（上游水位 308.50 m，下游水位 293.55 m）时，下游坝坡抗滑稳定安全系数。

（4）水位骤降（上游水位由 308.50 m 降至 293.00 m）时，上游坝坡抗滑稳定安全系数。

（5）通过上述计算分析，对坝体的整体稳定性作出判断。

12.4.3.3 坝体平面应力变形计算分析

选取坝体河床典型断面（0+160 断面），分原设计方案和现行设计方案两种情况，采用非线性有限元方法，计算分析坝体、坝基以及其他相关建筑物在施工期、蓄水期各种工况组合条件下的应力、变形。计算分析中采用非线性增量分析方法，模拟坝体的实际施工填筑步骤和蓄水过程。土石材料的本构模型采用邓肯-张双曲线非线性弹性模型。

根据坝体应力变形计算分析的成果，分析研究坝体在各种情况下的变形分布趋势，通过拉应力区的分布范围，判断坝体可能发生裂缝的区域，根据坝体应力水平的分布，分析坝体发生剪切破坏的可能性，以及由此产生的坝体局部失稳的可能区域。在上述计算结果的基础上综合分析坝体的安全型和设计方案的可行性，并据此提出相应的工程处理措施。

12.4.4 计算断面图

计算断面图如图 12-65~图 12-67 所示。

12.4.5 计算分析

12.4.5.1 坝体平面渗流计算分析

坝体平面渗流计算采用有限元方法。计算参数见表 12-24，计算结果见表 12-25。

表 12-24 渗流计算参数

材料	比重	天然密度（g/m³）	干密度（g/m³）	渗透系数 K（cm/s）	允许渗透比降
土料	2.68	2.10	1.78	1.13E-6~6.73E-6	2
坝基开挖石渣料	2.65	2.05	1.70	≤1.0E-4	0.30
第三系砂壤土	2.66	1.97	1.80	6.32E-4~1.21E-4	0.30
白垩系砂岩	2.65	2.00	1.85	2.55E-2~1.85E-2	0.3~1.0
反滤料	2.66	2.00	1.85	2E-3	
排水褥垫	2.66	2.00	1.86	2E-2	
贴坡		2.00		2E-2	

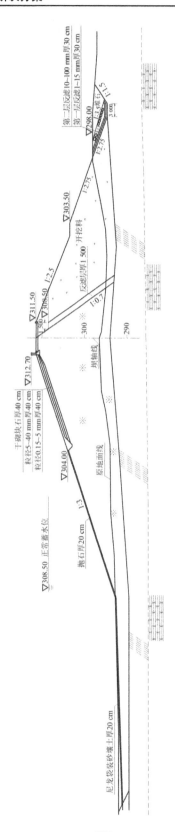

图12-65　0+045断面（推荐方案）

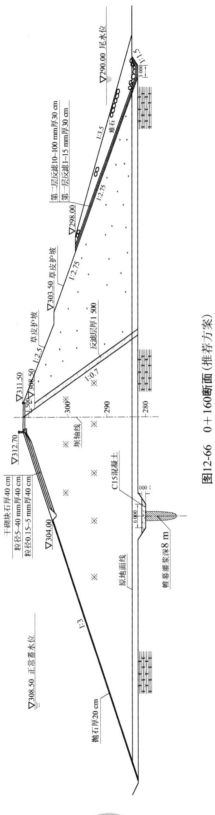

图12-66 0+160断面（推荐方案）

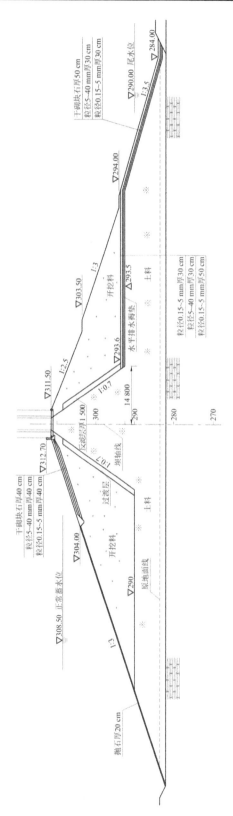

图12-67 0+160断面（原方案2）

表 12-25 平面渗流计算分析结果汇总

计算剖面	工况	计算条件	单宽渗流量 $q[\times10^{-3}/(\mathrm{m}^3/\mathrm{s}\cdot\mathrm{m})]$	下游坝脚渗透比降
0+160 (推荐方案)	1	上游水位 308.50 m、下游水位 287.74 m，$k_x=k_y$	2.910 7	0.120
	2	上游水位 308.50 m、下游水位 290.00 m，$k_x=k_y$	2.596 6	0.101
	3	上游水位 308.50 m、下游水位 292.37 m，$k_x=k_y$	2.274 2	0.088
	4	上游水位 308.50 m、下游水位 293.55 m，$k_x=k_y$	2.105 9	0.082
	5	上游水位 308.50 m、下游水位 287.74 m，$k_x=5k_y$	1.890 9	0.204
	6	上游水位 308.50 m、下游水位 287.74 m，$k_x=10k_y$	1.467 9	0.241
	7	上游水位 308.50 m、下游水位 290.00 m，$k_x=5k_y$	1.685 6	0.180
	8	上游水位 308.50 m、下游水位 290.00 m，$k_x=10k_y$	1.308 3	0.214
	9	上游水位 303.50 m、下游水位 293.55 m，$k_x=k_y$	1.403 8	0.054
	10	上游水位 298.50 m、下游水位 293.55 m，$k_x=k_y$	0.701 9	0.027
0+045 (推荐方案)	1	上游水位 308.50 m、下游水位 287.74 m，$k_x=k_y$	1.511 5	0.031
	2	上游水位 308.50 m、下游水位 290.00 m，$k_x=k_y$	1.346 9	0.027
	3	上游水位 308.50 m、下游水位 292.37 m，$k_x=k_y$	1.179 5	0.024
	4	上游水位 308.50 m、下游水位 293.55 m，$k_x=k_y$	1.092 1	0.022
0+160 (原方案1)	1	上游水位 308.50 m、下游水位 287.74 m，$k_x=k_y$	2.873 3	0.268
	2	上游水位 308.50 m、下游水位 290.00 m，$k_x=k_y$	2.560 5	0.239
	3	上游水位 308.50 m、下游水位 292.37 m，$k_x=k_y$	2.242 1	0.209
	4	上游水位 308.50 m、下游水位 293.55 m，$k_x=k_y$	2.076 1	0.194
0+160 (原方案2)	1	上游水位 308.50 m、下游水位 287.74 m，$k_x=k_y$	2.874 0	0.268
	2	上游水位 308.50 m、下游水位 290.00 m，$k_x=k_y$	2.561 2	0.239
	3	上游水位 308.50 m、下游水位 292.37 m，$k_x=k_y$	2.242 8	0.210
	4	上游水位 308.50 m、下游水位 293.55 m，$k_x=k_y$	2.076 6	0.194

12.4.5.2 0+160 断面(推荐方案,$k_x = k_y$)

(1)上游正常蓄水位 308.50 m、下游相应水位 287.74 m,如图 12-68 所示。

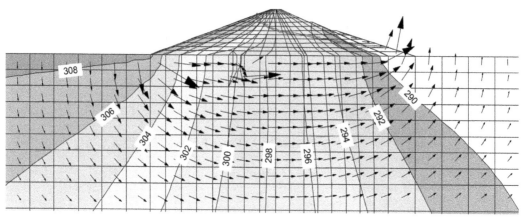

图 12-68 工况 1 渗流场分布

(2)上游正常蓄水位 308.50 m、下游相应水位 290.00 m,如图 12-69 所示。

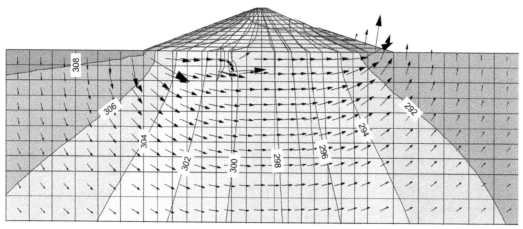

图 12-69 工况 2 渗流场分布

(3)上游设计洪水位 308.50 m、下游相应水位 292.37 m,如图 12-70 所示。

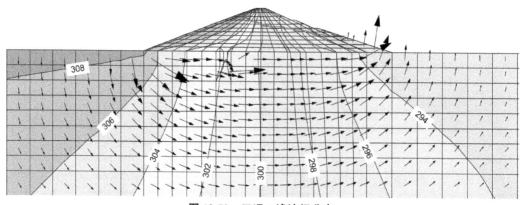

图 12-70 工况 3 渗流场分布

（4）上游校核洪水位 308.50 m、下游相应水位 293.55 m，如图 12-71 所示。

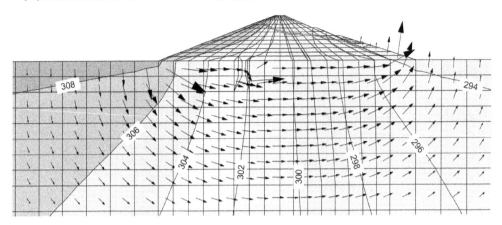

图 12-71　工况 4 渗流场分布

（5）上游水位 303.50 m、下游水位 293.55 m，如图 12-72 所示。

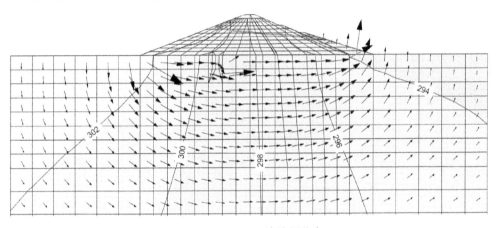

图 12-72　工况 9 渗流场分布

（6）上游水位 298.50 m、下游水位 293.55 m，如图 12-73 所示。

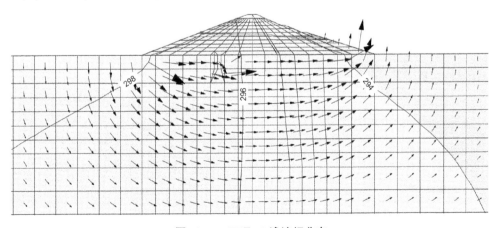

图 12-73　工况 10 渗流场分布

12.4.5.3 计算剖面:0+160 断面(推荐方案),考虑土体渗透系数各向异性的对比计算

（1）上游正常蓄水位 308.50 m、下游相应水位 290.00 m。

①$k_x = k_y$。如图 12-74 所示。

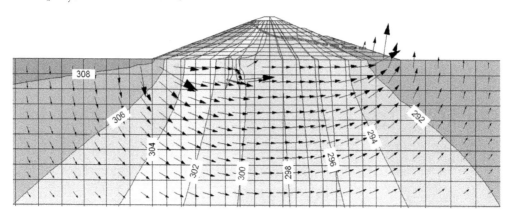

图 12-74　工况 2 渗流场分布

②$k_x = 5k_y$。如图 12-75 所示。

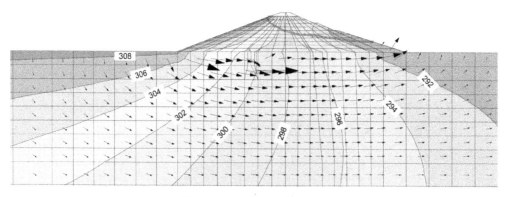

图 12-75　工况 7 渗流场分布

③$k_x = 10k_y$。如图 12-76 所示。

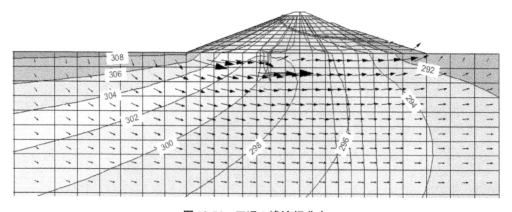

图 12-76　工况 8 渗流场分布

（2）上游正常蓄水位 308.50 m、下游相应水位 287.74 m。

① $k_x = k_y$。如图 12-77 所示。

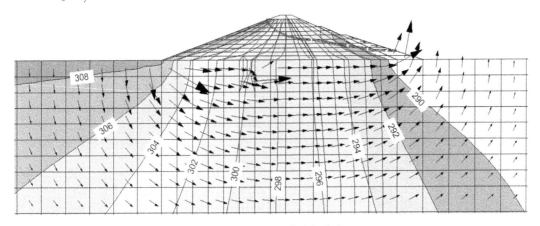

图 12-77 工况 1 渗流场分布

② $k_x = 5k_y$。如图 12-78 所示。

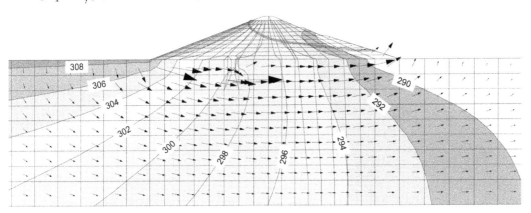

图 12-78 工况 5 渗流场分布

③ $k_x = 10k_y$。如图 12-79 所示。

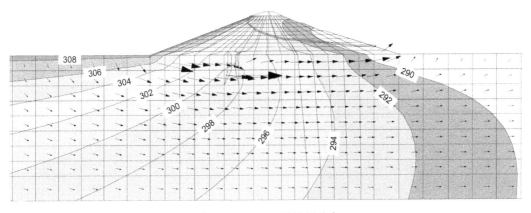

图 12-79 工况 6 渗流场分布

12.4.5.4　0+045 断面(推荐方案)

（1）上游正常蓄水位 308.50 m、下游相应水位 287.74 m。如图 12-80 和图 12-81 所示。

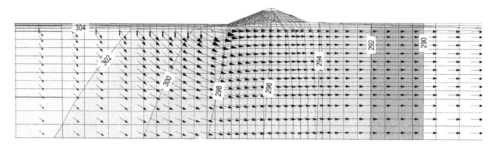

图 12-80　工况 1 渗流场分布

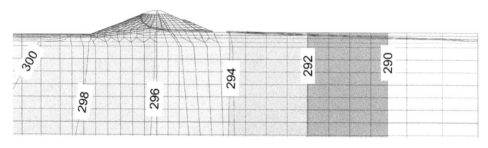

图 12-81　工况 1 浸润线

（2）上游正常蓄水位 308.50 m、下游相应水位 290.00 m。如图 12-82 和图 12-83 所示。

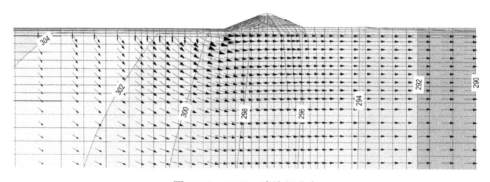

图 12-82　工况 2 渗流场分布

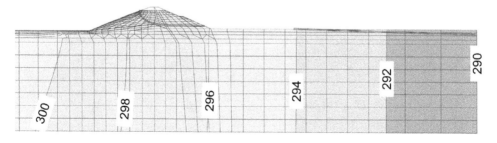

图 12-83　工况 2 浸润线

（3）上游设计洪水位 308.50 m、下游相应水位 292.37 m。如图 12-84 和图 12-85 所示。

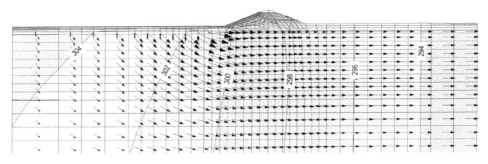

图 12-84　工况 3 渗流场分布

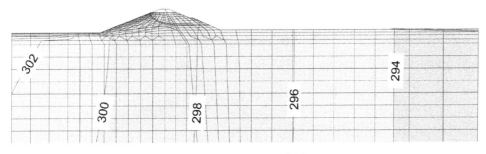

图 12-85　工况 3 浸润线

（4）上游校核洪水位 308.50 m、下游相应水位 293.55 m。如图 12-86 和图 12-87 所示。

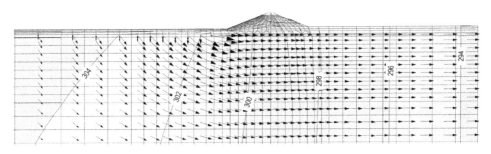

图 12-86　工况 4 渗流场分布

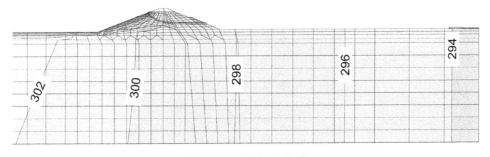

图 12-87　工况 4 浸润线

12.4.5.5 0+160 断面(原方案1)

（1）上游正常蓄水位 308.50 m、下游相应水位 287.74 m。如图 12-88 所示。

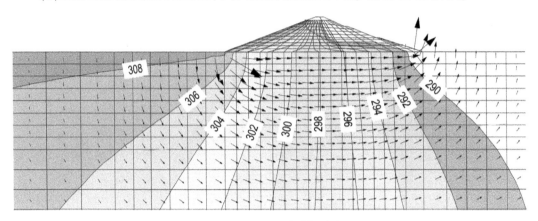

图 12-88 工况 1 渗流场分布

（2）上游正常蓄水位 308.50 m、下游相应水位 290.00 m。如图 12-89 所示。

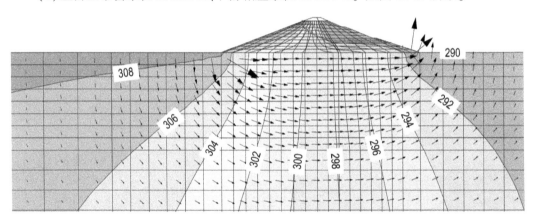

图 12-89 工况 2 渗流场分布

（3）上游设计洪水位 308.50 m、下游相应水位 292.37 m。如图 12-90 所示。

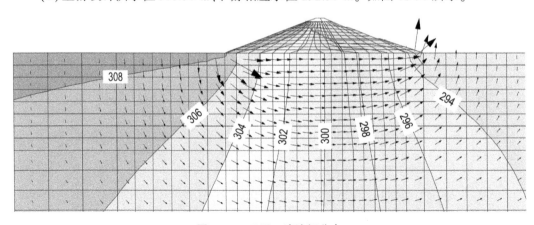

图 12-90 工况 3 渗流场分布

（4）上游校核洪水位 308.50 m、下游相应水位 293.55 m。如图 12-91 所示。

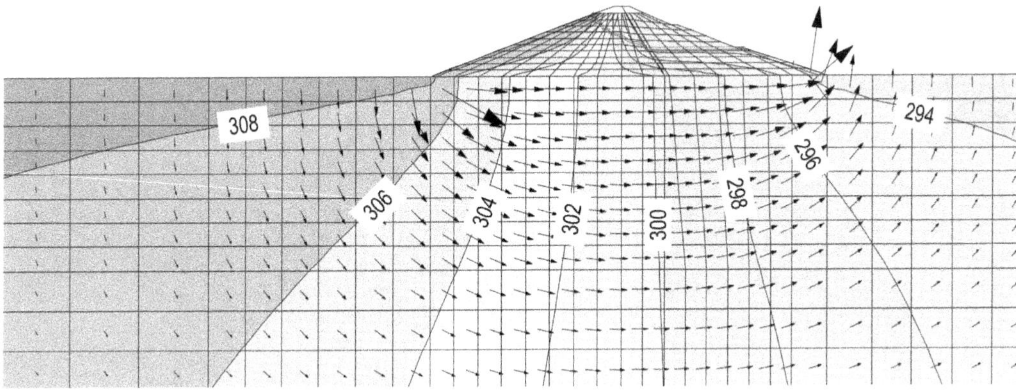

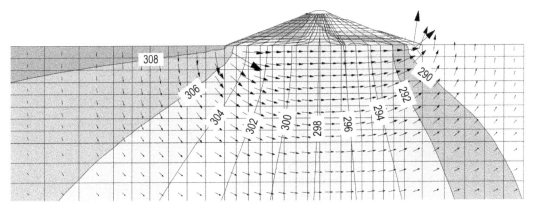

图 12-91　工况 4 渗流场分布

12.4.5.6　0+160 断面(原方案 2)

（1）上游正常蓄水位 308.50 m、下游相应水位 287.74 m。如图 12-92 所示。

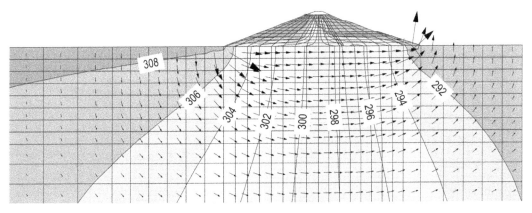

图 12-92　工况 1 渗流场分布

（2）上游正常蓄水位 308.50 m、下游相应水位 290.00 m。如图 12-93 所示。

图 12-93　工况 2 渗流场分布

（3）上游设计洪水位 308.50 m、下游相应水位 292.37 m。如图 12-94 所示。

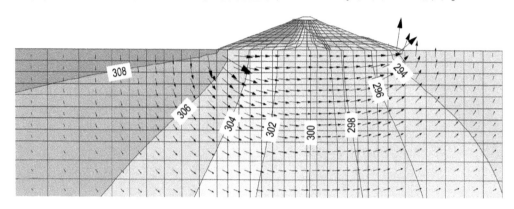

图 12-94　工况 3 渗流场分布

（4）上游校核洪水位 308.50 m、下游相应水位 293.55 m。如图 12-95 所示。

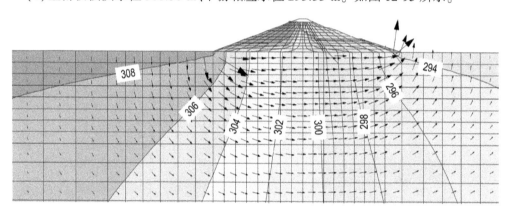

图 12-95　工况 4 渗流场分布

12.4.6　边坡稳定计算

边坡稳定计算中采用适用于圆弧滑裂面的毕肖普法。计算参数见表 12-26，边坡稳定计算结果见表 12-27。

表 12-26　　　　　　　　　　　计算结果

坝料	密度（t/m³）	$\varphi_0(°)$	C（kPa）
上游土	2.1	24	6
反滤料	2.0	31	0
下游土	2.05	31	0
坝基砂岩	2.0	28	300
排水褥垫	2.0	31	0
贴坡	2.0	31	0

表 12-27   边坡稳定计算结果汇总

计算剖面	工况	计算条件	安全系数	
			上游坡	下游坡
0+160 (推荐方案)	1	上下游无水	1.581	1.670
	2	上游水位 308.50 m、下游水位 287.74 m	1.801	1.813
	3	上游水位 308.50 m、下游水位 290.00 m	1.780	1.784
	4	上游水位 308.50 m、下游水位 293.55 m	1.699	1.779
	5	上游水位由 308.50 m 降至 303.5 m、下游水位 293.55 m	1.432	
	6	上游水位由 303.50 m 降至 298.5 m、下游水位 293.55 m	1.294	
	7	上游水位由 298.50 m 降至 293.5 m、下游水位 293.55 m	1.272	
0+160 (原方案 1)	1	上下游无水	1.579	1.937
	2	上游水位 308.50 m、下游水位 287.74 m	1.718	1.652
	3	上游水位 308.50 m、下游水位 290.00 m	1.729	1.574
	4	上游水位 308.50 m、下游水位 293.55 m	1.711	1.630
0+160 (原方案 2)	1	上下游无水	1.712	1.935
	2	上游水位 308.50 m、下游水位 287.74 m	1.780	1.657

12.4.6.1 0+160 断面(推荐方案)

1.上下游无水

上游坡滑裂面位置及相应安全系数如图 12-96 所示。

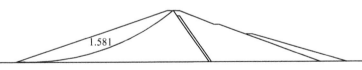

图 12-96 上游坡滑裂面位置及相应安全系数

下游坡滑裂面位置及相应安全系数如图 12-97 所示。

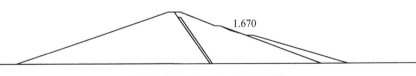

图 12-97 下游坡滑裂面位置及相应安全系数

2.上游正常蓄水位 308.50 m、下游相应水位 287.74 m

上游坡滑裂面位置及相应安全系数如图 12-98 所示。

图 12-98 上游坡滑裂面位置及相应安全系数

下游坡滑裂面位置及相应安全系数如图 12-99 所示。

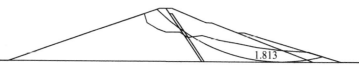

图 12-99 下游坡滑裂面位置及相应安全系数

3.上游正常蓄水位 308.50 m、下游相应水位 290.00 m

上游坡滑裂面位置及相应安全系数如图 12-100 所示。

图 12-100 上游坡滑裂面位置及相应安全系数

下游坡滑裂面位置及相应安全系数如图 12-101 所示。

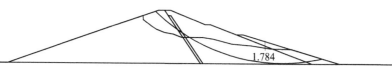

图 12-101 下游坡滑裂面位置及相应安全系数

4.上游校核洪水位 308.50 m、下游相应水位 293.55 m

上游坡滑裂面位置及相应安全系数如图 12-102 所示。

图 12-102 上游坡滑裂面位置及相应安全系数

下游坡滑裂面位置及相应安全系数如图 12-103 所示。

图 12-103 下游坡滑裂面位置及相应安全系数

5. 上游水位由 308.50 m 降至 303.50 m、下游相应水位 293.55 m

上游坡滑裂面位置及相应安全系数如图 12-104 所示。

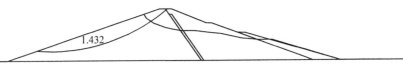

图 12-104　上游坡滑裂面位置及相应安全系数

6. 上游水位 303.50 m、下游相应水位 293.55 m

上游坡滑裂面位置及相应安全系数如图 12-105 所示。

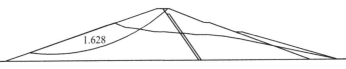

图 12-105　上游坡滑裂面位置及相应安全系数

7. 上游水位由 303.50 m 降至 298.50 m、下游相应水位 293.55 m

上游坡滑裂面位置及相应安全系数如图 12-106 所示。

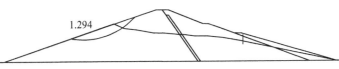

图 12-106　上游坡滑裂面位置及相应安全系数

8. 上游水位 298.50 m、下游相应水位 293.55 m

上游坡滑裂面位置及相应安全系数如图 12-107 所示。

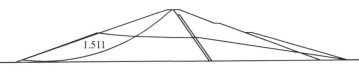

图 12-107　上游坡滑裂面位置及相应安全系数

9. 上游水位由 298.50 m 降至 293.50 m、下游相应水位 293.55 m

上游坡滑裂面位置及相应安全系数如图 12-108 所示。

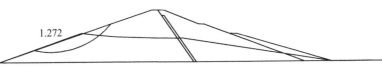

图 12-108　上游坡滑裂面位置及相应安全系数

12.4.6.2　0+160 断面（原方案 1）

1. 上下游无水

上游坡滑裂面位置及相应安全系数如图 12-109 所示。

图 12-109　上游坡滑裂面位置及相应安全系数

下游坡滑裂面位置及相应安全系数如图 12-110 所示。

图 12-110　下游坡滑裂面位置及相应安全系数

2.上游正常蓄水位 308.50 m、下游相应水位 287.74 m

上游坡滑裂面位置及相应安全系数如图 12-111 所示。

图 12-111　上游坡滑裂面位置及相应安全系数

下游坡滑裂面位置及相应安全系数如图 12-112 所示。

图 12-112　下游坡滑裂面位置及相应安全系数

3.上游正常蓄水位 308.50 m、下游相应水位 290.00 m

上游坡滑裂面位置及相应安全系数如图 12-113 所示。

图 12-113　上游坡滑裂面位置及相应安全系数

下游坡滑裂面位置及相应安全系数如图 12-114 所示。

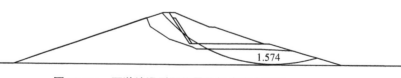

图 12-114　下游坡滑裂面位置及相应安全系数

4.上游校核洪水位 308.50 m、下游相应水位 293.55 m

上游坡滑裂面位置及相应安全系数如图 12-115 所示。

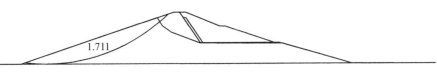

图 12-115　上游坡滑裂面位置及相应安全系数

下游坡滑裂面位置及相应安全系数如图 12-116 所示。

图 12-116　下游坡滑裂面位置及相应安全系数

12.4.6.3　0+160 断面（原方案 2）

1.上下游无水

上游坡滑裂面位置及相应安全系数如图 12-117 所示。

图 12-117　上游坡滑裂面位置及相应安全系数

下游坡滑裂面位置及相应安全系数如图 12-118 所示。

图 12-118　下游坡滑裂面位置及相应安全系数

2.上游正常蓄水位 308.50 m、下游相应水位 287.74 m

上游坡滑裂面位置及相应安全系数如图 12-119 所示。

图 12-119　上游坡滑裂面位置及相应安全系数

下游坡滑裂面位置及相应安全系数如图 12-120 所示。

图 12-120　下游坡滑裂面位置及相应安全系数

12.4.7 应力变形计算

12.4.7.1 计算模型及计算参数

1.计算模型

本次计算中,坝料的非线性应力应变关系采用双曲线模拟(邓肯-张模型),其弹性模量 E_t 和体积模量 B 的相应计算公式为:

切线弹性模量

$$E_t = K \cdot P_a (\frac{\sigma_3}{P_a})^n [1 - R_f \cdot SL]^2$$

$$SL = \frac{\sigma_1 - \sigma_3}{(\sigma_1 - \sigma_3)_f}$$

切线体积模量

$$B = K_b \cdot P_a (\frac{\sigma_3}{P_a})^m$$

卸荷时,采用卸荷弹性模量

$$E_{ur} = K_{ur} \cdot P_a (\frac{\sigma_3}{P_a})^n$$

式中　　σ_1、σ_3——最大和最小主应力;

　　　　P_a——大气压力;

　　　　c、φ——强度指标;

　　　　R_f——破坏比;

　　　　K——弹性模量数;

　　　　n——弹性模量指数;

　　　　K_b——体积模量数;

　　　　m——体积模量指数;

　　　　K_{ur}——卸荷弹性模量数;

　　　　SL——应力水平,它表示当前应力圆直径与破坏应力圆直径之比,反映了强度的发挥程度;

　　　　$(\sigma_1-\sigma_3)_f$——破坏偏应力。

2.计算参数

坝体各种材料的静力计算参数取值见表12-28。

表 12-28　　　　　　　　　　　E-B 模型参数

坝料	密度(t/m^3)	φ_0(°)	C(kPa)	K	n	K_b	m	R_f
上游土	2.1	24	6	350	0.311	200	0.257	0.80
反滤料	2.0	31	0	500	0.235	300	0.170	0.80
下游土	2.05	31	0	500	0.270	300	0.155	0.85

续表 12-28

坝料	密度(t/m³)	φ_0(°)	C(kPa)	K	n	K_b	m	R_f
坝基砂岩	2.0	28	300	8 000				0
排水褥垫	2.0	31	0	650	0.270	400	0.155	0.85

12.4.7.2　计算方案及计算步骤

1.计算方案

进行了两种方案的有限元分析计算。每一方案又分为两种工况:竣工期(坝体自重)、蓄水期(坝体自重、浮托力、渗透力)。方案 1 为 0+160 剖面推荐方案;方案 2 为 0+160 剖面原方案 1。两方案对应的有限元计算网格剖分如图 12-121 和图 12-122 所示。两种方案上游正常蓄水位 308.50 m、下游相应水位 287.74 m。

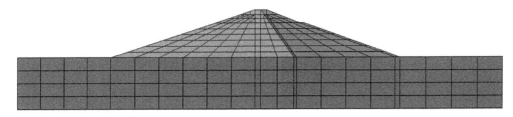

图 12-121　推荐方案网格剖分图

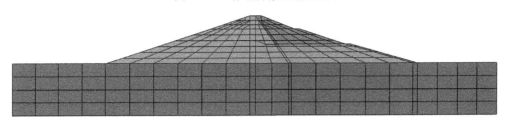

图 12-122　原方案 1 网格剖分图

12.4.7.3　分析步骤

在计算分析过程中,为保证计算成果的可靠性,坝体填筑过程和水库蓄水过程采用分期加荷的方式模拟,同时,随水库水位的上升,水位线以下的坝体材料容重将由天然容重变为浮容重。

12.4.7.4　计算分析结果

表 12-29 列出了两方案坝体的位移及应力最大值。两个计算方案各种工况对应的大小主应力、位移和应力水平分布情况如图 12-123～图 12-142 所示。

表 12-29　　　　　　　　　　　主要计算结果汇总

		水平位移(cm)		垂直位移(cm)	大主应力(MPa)	小主应力(MPa)
		左	右			
推荐方案	竣工期	13.6	7.7	20.0	1.03	0.32
	蓄水期	12.3	9.0	20.1	1.07	0.34

续表 12-29

		水平位移（cm）		垂直位移	大主应力	小主应力
		左	右	（cm）	（MPa）	（MPa）
原方案 1	竣工期	13.5	10.8	20.7	1.04	0.32
	蓄水期	12.8	12.0	20.9	1.05	0.31

1.推荐方案（0+160 剖面）

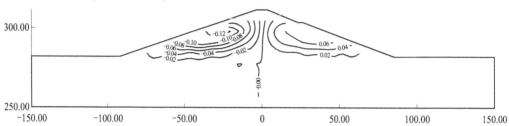

图 12-123　竣工期水平位移

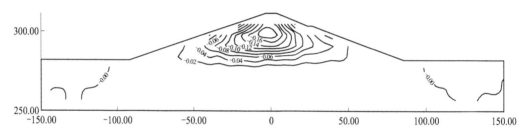

图 12-124　竣工期竖向位移

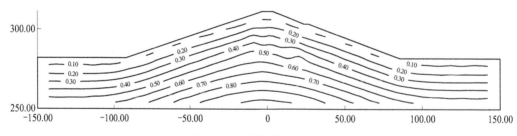

图 12-125　竣工期大主应力

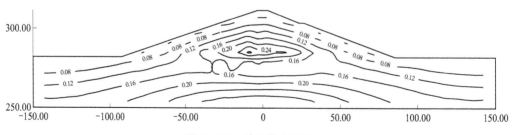

图 12-126　竣工期小主应力

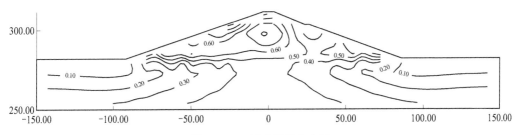

图 12-127　竣工期应力水平

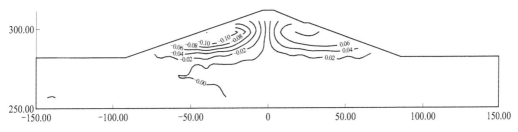

图 12-128　蓄水期水平位移

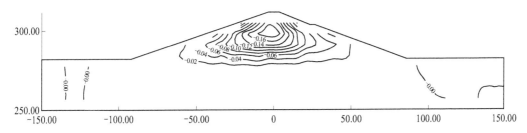

图 12-129　蓄水期竖向位移

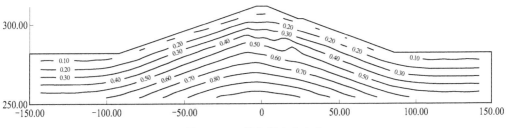

图 12-130　蓄水期大主应力

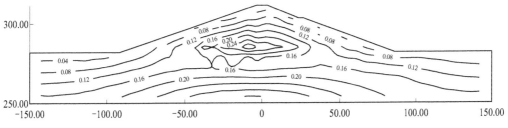

图 12-131　蓄水期小主应力

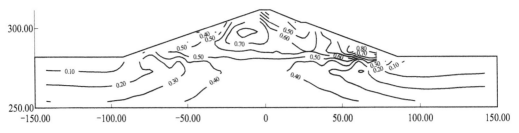

图 12-132　蓄水期应力水平

2.原方案 1(0+160 剖面)

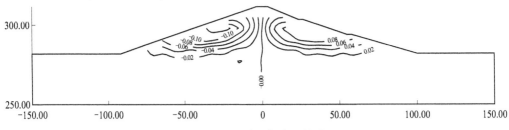

图 12-133　竣工期水平位移

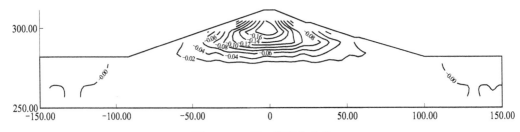

图 12-134　竣工期竖向位移

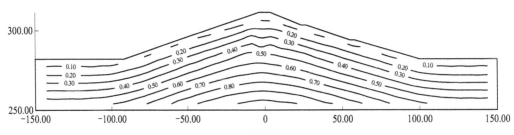

图 12-135　竣工期大主应力

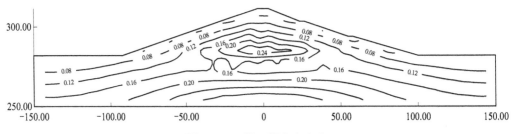

图 12-136　竣工期小主应力

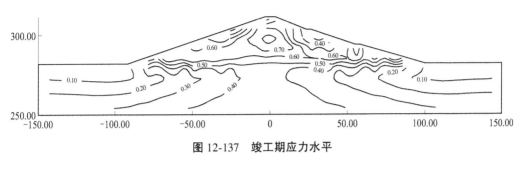

图 12-137　竣工期应力水平

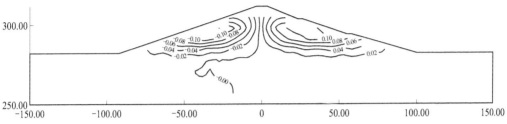

图 12-138　蓄水期水平位移

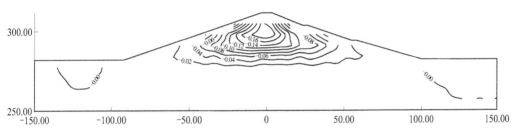

图 12-139　蓄水期竖向位移

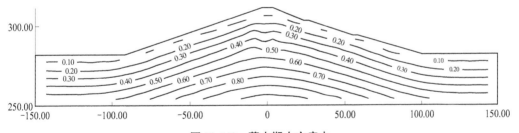

图 12-140　蓄水期大主应力

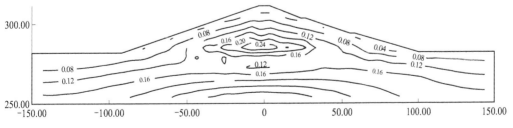

图 12-141　蓄水期小主应力

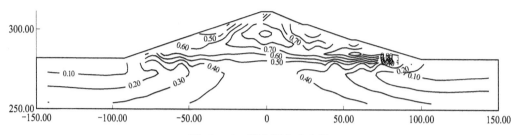

图 12-142　蓄水期应力水平

附件

MIDAS 软件常见提问与解答

第一部分　部分使用说明

1.定义移动荷载的步骤

(1)在主菜单的"荷载>移动荷载分析数据>车辆"中选"择标准车辆"或"自定义车辆"。

(2)对于人群移动荷载,按用户定义方式中的汽车类型中的车道荷载定义成线荷载加载(如将规范中的荷载 0.5 t/m² 乘以车道宽 3 m,输入 1.5 t/m)。定义人群移动荷载时,一定要输入 Q_m 和 Q_q,并输入相同的值。集中荷载输入 0。

(3)布置车道或车道面(梁单元模型选择定义车道,板单元模型选择定义车道面),人群荷载的步行道也应定义为一个车道或车道面。

(4)定义车辆组。该项为选项,仅用于不同车道允许加载不同车辆荷载的特殊情况。

(5)定义移动荷载工况。例如可将车道荷载定义为工况-1,车辆荷载定义为工况-2。在定义移动荷载工况对话框中的子荷载工况中,需要定义各车辆要加载的车道。例如:用户定义了 8 个车道,其中 4 个为左侧偏载、4 个为右侧偏载,此时可定义 2 个子荷载工况,并选择"单独",表示分别单独计算,程序自动找出最大值。在定义子荷载工况时,如果在"可以加载的最少车道数"和"可以加载的最大车道数"中分别输入 1 和 4,则表示分别计算 1、2、3、4 种横向车辆布置的情况(15 种情况)。布置车辆选择车道时,不能包含前面定义的人群的步行道。

(6)定义移动荷载工况时,如果有必要将人群移动荷载与车辆的移动荷载进行组合,需要在定义移动荷载工况对话框中的子荷载工况中,分别定义人群移动荷载子荷载工况(只能选择步道)和车辆的移动荷载子荷载工况,然后选择"组合"。

2.关于移动荷载中车道和车道面的定义

(1)当使用板单元建立模型时:

①程序对城市桥梁的车道荷载及人群荷载默认为做影响面分析,其他荷载(公路荷载和铁路荷载)做影响线分析。

②只能使用车道面定义车的行走路线。对于城市桥梁的车道荷载及人群荷载以外的荷载,输入的车道面宽度不起作用,按线荷载或集中荷载加载在车道上。

③对于城市桥梁的车道荷载及人群荷载,在程序内部,自动将输入的荷载除以在"车道面"中定义的车道宽后,按面荷载加载在车道上。

④车道宽度应按规范规定输入一个车辆宽度,如城市车道荷载应输入 3 m,人群荷载可输入实际步道宽。

（2）当使用梁单元建立模型时：

①程序默认为做影响线分析。

②只能使用车道定义车的行走路线。

③对于城市桥梁的车道荷载，目前版本按线荷载加载在车道上。

④对于人群移动荷载，按用户定义方式中的汽车类型中的车道荷载，定义成线荷载加载。

3.挂车荷载布置中应注意的问题

布置挂车荷载时，需要在"主菜单>移动荷载分析数据>移动荷载"工况中点击"添加"，在弹出的对话框中再点击"添加"，在弹出的"子荷载工况"对话框中的"可以加载的最少车道数"和"可以加载的最大车道数"均输入1。

4.移动荷载的横向布置

（1）移动荷载的横向布置，在板型桥梁、箱型暗渠等建模助手中由程序自动从左到右或从右到左进行布置，并输出包络结果。

（2）对于用户手动建立的桥梁，需要由用户手动布置车道。将布置的一系列车道布置车辆后定义为一种荷载工况，将另一些车道布置车辆后定义为另一种荷载工况，对不同的荷载工况分别做分析后，在荷载组合中定义包络组合。

5.使用板单元做移动荷载分析时，看不到应力结果

在主菜单的"分析>移动荷载分析控制数据>单元"输出位置中选择"板单元"的"计算应力"。

6.使用梁单元做移动荷载分析时，看不到组合应力结果

在主菜单的"分析>移动荷载分析控制数据>单元"输出位置中选择"杆系单元"的"计算组合应力"。

7.关于实体单元的内力输出

在"结果>局部方向内力的合力中"选择处于同一个平面内的一些实体单元的面，程序将输出这些面上的合力。

8.弯桥支座的模拟

（1）为了确定约束方向，首先定义支座节点处的节点局部坐标系，且可以输出节点局部坐标系方向的反力结果。

（2）按双支座模拟时，推荐在支座位置沿竖向建立两个弹性连接单元，单元下部固结，上部节点间设置刚臂。按单支座模拟时，推荐将支座扭矩方向约束。根据计算得到的扭矩和支座间距，手算支座反力。

9.刚臂的定义

在主菜单中选择"模型>边界条件>刚性连接"，定义主从节点间相关关系。

10.主从节点能否重复定义，即一个节点能否既从属于一个节点又从属于另一节点

理论上可以，既该节点的不同自由度分别从属于不同节点。

11.关于斜拉桥、悬索桥及使用了非线性单元的桥梁，做移动荷载分析的问题

（1）移动荷载分析是线性分析，因为程序内部计算时将使用荷载的组合，模型中不能存在非线性单元。

（2）当做斜拉桥、悬索桥的移动荷载分析时，应事先计算出桥梁在自重平衡下的索和

吊杆的拉力,并将其作为初始内力加载在单元上,然后将非线性单元如索单元修改为桁架单元后做移动荷载分析。

12.温度荷载

(1)系统温度。输入季节温差。初始温度对结果没有影响。当需要分别计算成桥前后的温差变化和成桥后年度的温差变化的影响时,可定义两个荷载工况名称,分别输入不同的系统温度温差,程序将分别计算不同温差的影响。

(2)节点温度。主要用于输入沿单元长度方向(如梁长度方向)的温差。

(3)单元温度。主要用于输入各单元的温升和温降,是对节点温度的补充。例如,用于地下结构的上板和侧墙的单元的温差不同时。

(4)温度梯度。主要用于计算温度梯度引起的弯矩,其中高度数值没有具体物理概念,温差和高度的比值相等时,即梯度相等时,计算结果相同。

(5)梁截面温度。主要用于定义梁上折线型的温度梯度变化。

13.施工阶段定义中,边界条件的激活和钝化中,"变形前"与"变形后"的意义

(1)该功能仅适用于使用"一般支承"定义的边界条件。

(2)表示该支承点的位置。

14.关于剪力滞效应

(1)在主菜单中选择"模型>边界条件>有效宽度系数"。此处对 I_y 的调整仅适用于应力验算。

(2)在"模型>材料和截面特性>截面特性增减系数"中的修改则适用于所有内力计算。注意在该项中的增减系数并不是为了考虑剪力滞效应,该项一般应用于建筑结构的剪力墙连梁的刚度折减上。

15.二期恒载的输入

可以在主菜单中选择"荷载>压力荷载",按均布荷载输入。

16.配重的输入

(1)可以按外部荷载输入,然后在"模型>质量>将荷载转换为质量"中将其转换为质量后,参与结构自振周期的计算中。

(2)也可以直接按节点质量输入(模型>质量>节点质量),此时应将配重除以重力加速度。

17.摩擦支座的问题

在主菜单的"模型>边界条件>非线性连接"中选择摩擦摆型支座。

18.平面荷载的布置问题

首先定义平面荷载,其中的 $x_1 \sim x_4$,$y_1 \sim y_2$ 是相对坐标,即相对于分配荷载对话框中原点的相对坐标。

19.关于荷载组合

(1)在"结果>荷载组合"中选择"自动生成",在弹出的对话框中选择相应的国家规范,程序将根据规范规定自动生成荷载组合。用户可以修改相应的荷载安全系数。

20.关于荷载、荷载类型、荷载工况、荷载组合、荷载组的概念

(1)荷载:指某具体的荷载,如自重、节点荷载、梁单元荷载、预应力等。其特点是具有荷载大小和作用方向。

（2）荷载类型：指荷载所属的类型，如恒荷载类型、活荷载类型、预应力荷载类型等，该类型将用于自动生成荷载组合上，程序根据给荷载工况定义的荷载类型，自动赋予荷载安全系数后进行荷载组合。

（3）荷载工况：是查看分析结果的最小荷载单位，也是荷载组合中最小单位。一个荷载工况中可以有多个荷载，如同一荷载工况中可以有节点荷载、均布荷载等；一个荷载工况只能定义为一种荷载类型，如某荷载工况被定义为恒荷载后，不能再定义为活荷载；不同的荷载工况可以属于同一种荷载类型。

（4）荷载组合：将荷载工况按一定的系数组合起来，也是查看分析结果的单位。在MIDAS软件中，当模型中无非线性单元，且所做分析为线性分析时，荷载组合可在后处理中进行，即运行分析后再做组合。当模型中有非线性单元，程序做非线性分析时，需在分析前建立荷载组合，然后将其定义为一个新的荷载工况后再做分析。

（5）荷载组：荷载组的概念仅使用于施工阶段分析中。在做施工阶段分析时，某一施工阶段上的荷载均被定义为一个荷载组，施工阶段中荷载的变化，均是以组单位进行变化的。如图1和图2所示。

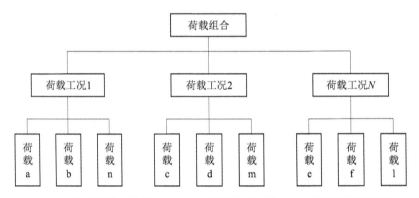

a、b、n 的荷载类型相同，c、d、m 的荷载类型相同，e、f、l 的荷载类型相同；
荷载工况1、荷载工况2、荷载工况 N 的荷载类型可以相同，也可以不相同

图1　非施工阶段分析时

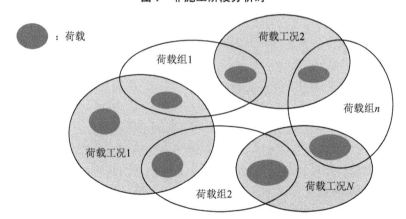

图2　施工阶段分析时

21.关于施工阶段分析时,自动生成的 CS:恒荷载、CS:施工荷载、CS:合计

(1)做施工阶段分析时程序内部将在施工阶段加载的所有荷载,在分析结果中会将其归结为 CS:恒荷载。

(2)如果用户想查看如施工过程中某些荷载(如吊车荷载)对结构的影响,则需在分析之前,在分析/施工阶段分析控制数据对话框的下端部分,将该荷载从分析结果中的 CS:恒荷载中分离出来。被分离出来的荷载将被归结为 CS:施工荷载。

(3)分析结果中的 CS:合计,为 CS:恒荷载、CS:施工荷载及钢束、收缩、徐变等荷载的合计。但不包括收缩和徐变的一次应力,因为它们是施工过程中发生变化的。

(4)将荷载类型定义为施工阶段荷载(CS)的话,则该荷载只在施工阶段分析中被使用。对于完成施工阶段分析后的成桥模型,该荷载不会发生作用,不论是否被激活。

22.关于施工阶段分析时,自动生成的 postCS 阶段

(1)postCS 阶段的模型和边界条件与最终施工阶段的相同,postCS 阶段的荷载定义为非施工阶段荷载类型(在荷载工况中定义荷载类型)的所有荷载工况中的荷载,包括施工阶段中没有使用过的荷载。

(2)对于与其他成桥后作用的荷载进行荷载组合,须在 postCS 中进行。在生成荷载组合时将 CS:合计定义为如 LCB1,则 postCS 中的 LCB1 的结构状态即为施工阶段完成后的成桥状态。

23.关于 Tresca 应力和有效应力(Von-Mises 应力)

(1)混凝土的破坏准则有最大拉应力理论、最大拉应变理论、最大剪应力(Tresca 应力)理论、Von-Mises 应力理论等许多理论。

(2)最大剪应力(Tresca 应力)理论是指材料承受的最大剪应力达到一定限值时发生屈服。

$$\tau_{max} = \frac{1}{2}|\sigma_1 - \sigma_2| \leqslant [\tau]$$

(3)Von-Mises 应力是指有效应力达到一定限值时材料发生屈服(圆柱面破坏)。MIDAS软件输出的 von-Mises 应力是有效应力。

$$\overline{\sigma} = \sqrt{\frac{1}{2}\left[(\sigma_1 - \sigma_2)^2 + (\sigma_2 - \sigma_3)^2 + (\sigma_1 - \sigma_3)^2\right]}$$

24.非施工阶段分析中,收缩和徐变的计算

目前版本中不支持该功能,但用户可建立一个施工阶段,将施工阶段给出 1 500 d,即可查看收缩和徐变。但需要将该施工阶段分割成 5 个子步骤,以便于准确反映老化效果。

25.收缩和徐变曲线中开始加载时间、结束加载时间、开始收缩时的混凝土材龄的意义

(1)开始加载时间、结束加载时间没有实际意义,仅用于图形显示范围。

(2)当开始加载时间不变、仅修改结束加载时间时,图形上开始加载时间位置数值发生变化的原因为左侧表格中的第一个起始数据为"开始加载时间+(结束加载时间−开始加载时间)/步骤数"。

(3)开始收缩时的混凝土材龄表示从浇筑混凝土开始到拆模板混凝土开始接触大气

的时间。需要注意的是,施工阶段分析时需要定义构件的初始材龄,开始收缩时的混凝土材龄不应大于构件的初始材龄。

26.计算自振周期的问题

(1)在主菜单的模型>结构类型中选择将结构的自重转换为 X、Y、Z 方向,当只要查看竖向自振周期时,选择转换为 Z 方向。

(2)在分析>特征值分析控制中填写相应数据。

27.地震反应谱计算中模态数量的选择

规范规定反应谱分析中振型参与质量应达到90%以上,在 MIDAS 软件中的"主菜单>结果>分析结果表格>振型形状"中提供振型参与质量信息。在分析结束后,用户应确认振型参与质量是否达到了90%,当没有达到90%时,应在"分析>特征值分析控制"中增加模态数量。

28.关于屈曲分析

(1)目前 MIDAS 软件中的屈曲分析是线性屈曲分析,可进行屈曲分析的单元有梁单元、桁架单元、板单元等。

(2)首先要在主菜单的"模型>结构类型"中选择将结构的自重转换为 X、Y、Z 方向。

(3)然后在"分析>特征值分析控制"中选择相应荷载工况和模态数量。

29.关于施工阶段分析中自重的输入

(1)定义自重所属的结构组名称(如定义为自重组)。

(2)在"荷载>自重"中定义自重(在 Z 中输入系数-1),并在荷载组选项中选择相应荷载组名称(如自重组),该项必须要选!

(3)在"荷载>施工阶段分析数据>定义施工阶段"中定义第一个施工阶段时,将自重的荷载组激活。以后阶段中每当有新单元组增加时,程序都会自动计算自重。自重只需在第一个施工阶段激活一次,且必须在第一个施工阶段激活一次。

30.关于支座沉降

(1)MIDAS 中有两种方式定义支座沉降,一种是在"荷载>支座强制位移"中定义,一种是在"荷载>支座沉降分析数据"中定义。

(2)在"荷载>支座强制位移"中定义时,可以定义沿各方向的沉降量。同时以两个荷载工况定义两个支座的沉降时,这两个工况可以互相组合。当已知某支座的沉降时,可采用此方法定义支座沉降。

(3)当仅考虑支座沿整体坐标系 Z 轴方向的沉降时,推荐在"荷载>支座沉降分析数据"中定义支座沉降。当不能确切知道某支座发生沉降时,即用户欲计算所有支座不同时发生沉降或发生不同沉降量时,可采用此方法。

(4)在"荷载>支座沉降分析数据"中定义沉降例题:某工程有 4 个桥墩,每个桥墩都要考虑 1 cm 的沉降量,用户欲计算最不利的沉降组合结果时:①在"荷载>支座强制位移>支座沉降组"中将每个支座的沉降均定义为一沉降组(S1~S4);②在"荷载>支座沉降荷载工况"中随便定义一个支座沉降荷载工况名称(如:SSS);③将所有支座沉降组(S1~S4)到右侧列表中,然后在 Smin 中输入1,在 Smax 中输入3。然后进行分析,程序将自动生成 Smax:SSS、Smin:SSS、Small:SSS 三个荷载工况。其中 Smax:SSS 输出的是所有沉降可能组合中,各单元的最大反应;Smin:SSS 输出的是所有沉降可能组合中,各单元的最小反应;Small:SSS 输出的是所有沉降可能组合中,各单元的最大反应和最小反应的绝对值中的较大值。在这里需要注意的是,各单元的最大反应(比如弯矩)并不是发生在同一种沉降组合中,在这里输出的是各单元在各种沉降组合中产生的最不利结果。

第二部分 常见问题

1.在 MIDAS 软件中施工阶段分析采用何种模型?

施工阶段模拟中的模型有两种,一种是累加模型,另一种是独立模型。

累加模型就是下一阶段模型继承了上一阶段模型的内容(位移、内力等),累加模型比较容易解决收缩和徐变问题。但较难解决非线性问题。举例说,当下一个施工阶段荷载加载时,上一阶段已发生位移的模型容易发生挠动时(比如悬索桥模型),上一阶段的荷载也应同时参与该施工阶段的非线性分析,而此时累加模型很难解决该类问题。

独立模型就是每施工阶段均按当前施工阶段的所有荷载、当前模型进行分析,作为当前施工阶段的分析结果,两个施工阶段分析结果的差作为累加结果。此类模型较容易使用于大位移等非线性分析中。但不能正确反映收缩和徐变。

目前 MIDAS 的施工阶段模拟实际上隐含了这两种模型的选择。

在“分析>施工阶段分析控制”中,当选择“考虑非线性分析”选项时,程序按独立模型计算,当没有选择该项时,按累加模型分析。

至于具体的工程,应选择哪种模型,应由用户判断。

MIDAS 软件目前正考虑升级的部分:

(1)将施工阶段采用模型,由隐式改为用户选择。这不是单纯的改文字。

(2)在帮助文件中尽量对各种结构的施工阶段模拟提供分析模式。

2.在 MIDAS 软件中静力荷载工况定义中的类型中包括了所有的荷载,为什么菜单下面还有移动荷载工况和支座荷载工况等内容呢?

静力荷载工况中的荷载类型正如它的名字为“静力”类型。

当用户需要分析移动荷载处于某一个位置时的情况,即手动决定移动荷载位置后,再做静力分析时,需要在此定义相应的移动荷载工况,也为后处理中自动生成荷载组合做准备。

支座沉降分析数据中的支座荷载工况其实与移动荷载的概念差不多。举例说明,当有 9 个支座时,每个支座都可能发生沉降,该功能可以由自动计算所有可能的沉降组合,因此提供的也是相当于“动态”的结果。所以另外增加了一个定义荷载工况的菜单。

(静力荷载工况中定义的基础变位影响力类型适用于荷载>支座强制位移菜单中)

其他动力荷载同上解释。

3.MIDAS 软件能自动统计用钢量吗?

在主菜单的“工具>材料统计”中可以得到用钢量,如果是混凝土结构还可得到钢筋用量和混凝土用量。

4.MIDAS 在做时程分析时如何输入地震波?

地震波的输入在主菜单的“荷载>时程分析数据>时程荷载函数”中定义。

点击添加时程函数后,可选择30多个地震波,也可以自己定义时程函数。

MIDAS/GEN中可以输出中国规范要求的几乎所有参数,包括层间位移。

(另外可按中国规范设计混凝土结构、钢结构、钢筋混凝土结构)

5.在SPC(截面特性值计算器)中DXF文件的应用

步骤如下:

(1)在"Tools>Setting"中选择相应的单位体系。如果在CAD中按m画的则选择m。

(2)导入DXF。

(3)在"Model>Curve>Intersect"中进行交叉计算,以避免在CAD中出现没有被分割的线段。

(4)在"Section>Generate"中定义截面名称。

(5)计算特性值[也可直接在第(4)项中计算]。

当截面中有内部空心时,可在进行(1)~(4)项后进行下列操作。

①在"Section>Domain State"中选择各部分是否为"空",当区域中有红色亮显时,按左键为实心,按右键为空心(请看程序中信息窗口的说明提示)。

当截面有不同材料组成时(可超过2种),在进行完上面①操作后,进行下列操作。

②在"Section>Domain Material"中选择各区域材料。需先定义材料名称和特性值。

在赋予各区域材料特性时,应选择某个材料为基本材料,一般选择混凝土。

在计算不同材料组成的截面特性值时,应选择相应的单元尺寸。一般来说划分越细越好,但划分得太细计算时间会很长。一般在钢筋混凝土中选择钢板厚度的一半即可。

6.在"MIDAS/GEN"中建立模型时,如何考虑楼板刚性的问题?

步骤如下:

楼板的刚性效果是在"模型>建筑物数据>层"中点击"生成层数据",程序将根据竖向节点的坐标生成各层及名称。可以将不真实的层(层间节点生成的)移到左面去除。(一些通用有限元软件中不提供该功能)

按确认后在表格中,选择是否考虑刚性楼板效果。

楼板荷载的导入同PKPM一样,在"荷载>分配楼面荷载"中输入。

在模型>建筑物数据>控制数据中输入相应的地面标高时,程序自动判别地面标高以下不考虑风荷载。(一些通用有限元软件中不提供该功能)

在模型>建筑物数据>控制数据中选择"各构件承担的层间剪力",可输出各层中各构件承担的地震剪力。

7.在"MIDAS/GEN"中做Pushover分析的步骤

Pushover Analysis中文为静力弹塑性分析或推倒分析。

在"MIDAS/GEN"中混凝土结构和钢结构的静力弹塑性分析的步骤不尽相同。

混凝土结构的静力弹塑性分析步骤为"分析->设计->静力弹塑性分析"。

钢结构的静力弹塑性分析步骤为"分析->静力弹塑性分析"。

混凝土结构必须经过配筋设计之后才能够做静力弹塑性分析,因为塑性铰的特性与配筋有关。

设计结束后,静力弹塑性分析的步骤如下:

（1）在静力弹塑性分析控制对话框中输入迭代计算的控制数据。

（2）定义静力弹塑性分析的荷载工况。在此对话框中可选择初始荷载、位移控制量、是否考虑重力二阶效应和大位移、荷载的分布形式（推荐使用模态形式）。

（3）定义铰类型（提供标准类型，用户也可以自定义）。

（4）分配塑性铰。用户可以全选以后，按"适用"键。

（5）运行静力弹塑性分析。

（6）查看分析曲线。

8.FEmodeler 中 DXF 文件的应用

在 FEmodeler 中导入 DXF 文件并划分网格的步骤如下：

（1）在"View>Grid>Seting"中定义"Grid Size"。如果在 DXF 文件中是按 m 画的，则定义为 0.1 即可，若为 mm 则可按默认值 500。

（2）导入 DXF 后应进行一次交叉计算（分割交叉直线），在"Model>Curve>Intersect"。

（3）开始划分网格。在"Mesh>Auto Mesh>Planer Domain"中定义网格大小，选择"Mesh Inner Domain"和"Include Interior point"可包含内部的直线和点划分网格。如果对不同区域可先分别定义 Part。对不同的 Part 可定义不同的网格大小。

9.在 FEmodeler 中定义 Part 的方法

步骤如下：

在"Edit>Part>Crete"中定义各 Part 的名称。

在"Edit>Part>Add"中定义各 Part。一个 Part 必须是一个封闭区域。

10.在 FEmodeler 中定义了 Part，但是对该 Part 不能划分网格

一个 Part 必须是一个封闭区域，请检查一下区域是否封闭。另外与其他线段无连接的端点显示为蓝色。

11.在 MIDAS/CIVIL 的移动荷载分析中，如何得到发生内力最大值时同时发生的其他内力

移动荷载作用下，查看梁单元的最大内力和同时发生的其他内力的步骤如下：

第一步，在主菜单的"分析>移动荷载分析"控制对话框中，在单元输出位置的杆系单元中选择"标准+当前内力"，如果只选"标准"项则只输出最大值。如果想要查看梁单元的应力，则需要选择下面的"计算组合应力项"。

第二步，在运行分析后，选择主菜单的"结果>分析结果表格>梁单元>内力"，在生成的表格中按鼠标右键，在弹出的关联菜单中选择"查看最大值"。然后选择相应的最大值，按"确认"键，则将输出同时发生的其他内力。

12.有关 MIDAS 的非线性分析控制选项

在 MIDAS 的静力分析中，有三个地方有非线性分析控制选项。即主控数据中的迭代选项、非线性分析控制中的迭代选项、施工阶段模拟中的非线性分析迭代选项。

其中主控数据中的迭代选项适用于有仅受拉、仅受压单元（包括此类边界）的模型。模型中有仅受拉、仅受压单元（包括此类边界）时，对这些单元的非线性迭代计算由该对话框中的控制数据控制。

非线性分析控制中的迭代选项适用于几何非线性分析。当做几何非线性分析时，在

模型中即使有仅受拉、仅受压单元(包括此类边界),对这些单元或边界的控制仍由非线性分析控制中的迭代选项。

施工阶段模拟中的非线性分析迭代选项,仅对施工阶段中的几何非线性分析起控制作用,模型中有仅受拉、仅受压单元(包括此类边界)时,在施工阶段分析中,这些单元或边界的控制仍由施工阶段模拟中的非线性分析迭代选项控制。

如果在施工阶段模拟中不做非线性分析,但施工阶段模型中包含了仅受拉、仅受压单元(包括此类边界)时,则主控数据中的迭代选项起控制作用。

如果在"分析>非线性分析"控制对话框中定义了非线性迭代控制数据,则施工阶段中 postcs 阶段的几何非线性分析控制由非线性分析控制中的迭代选项控制。

在 MIDAS 的动力分析中,非线性控制选项在定义时程分析荷载工况对话框中定义。

13.MIDAS/CIVIL 施工阶段分析控制对话框中的索初拉力控制选项

施工阶段分析控制对话框中的索初拉力控制选项有两种:体内力和体外力。该选项仅适用于索单元,不适用于预应力钢束。

在预应力荷载中给索单元加初拉力后做施工阶段分析时,如果选体内力程序中将以一定变形量的方式加载到单元中,犹如给单元加一温度荷载一样。索内最终张力与索两端的锚固条件有关。当索两端完全锚固时,索内张力为所加初拉力;当索两端完全自由时,索内张力为零(可以类比加温度荷载时的自由伸缩)。

在预应力荷载中给索单元加初拉力后做施工阶段分析时,如果选体外力程序中将做为荷载加载在索两端,当该阶段只有该索力作用时,索的张力不变;当该阶段有其他荷载作用或下一阶段有其他荷载作用时,索力会有相应变化。

斜拉桥的施工阶段分析,一般选体内力。悬索桥的分析与悬索桥的类型(自锚式、地锚式)以及施工工序有很大关系,用户应根据工序和经验选择相关选项。

非施工阶段分析时,对于斜拉桥和悬索桥的初拉力程序内部按体内力进行处理。

14.MIDAS/CIVIL 中有关斜拉桥施工中的索力调整问题

步骤如下:

在 CIVIL 中可在预应力荷载中将不同阶段的索力定义为不同的组。

然后加载在不同施工阶段中。

在施工阶段分析控制对话框中的索初拉力选项中选择体外力。在 5.9.0 版本中增加了体外力的两个选项:"添加"和"替换"。当选择添加时,索的初拉力为累加;当选择"替换"时,表示将索力调整到某值(该阶段被激活的索力荷载值)。

15.在 MIDAS 中如何计算自重作用下活荷载的稳定系数(屈曲分析安全系数)?

稳定分析又叫屈曲分析,所谓的荷载安全系数(临界荷载系数)均是对应于某种荷载工况或荷载组合的。例如:当有自重 W 和集中活荷载 P 作用时,屈曲分析结果临界荷载系数为10,表示在 $10\times(W+P)$ 大小的荷载作用下结构可能发生屈曲。但这也许并不是我们想要的结果。在自重(或自重+二期恒载)存在的情况下,多大的活荷载作用下会发生失稳,即 $W+Scale\times P$ 中的 Scale 值。推荐下列反复计算的方法。

步骤一:按 $W+P$ 计算屈曲分析,如果得到临街荷载系数 $S1$。

步骤二:按 $W+S1\times P$ 计算屈曲,得临界荷载系数 $S2$。

步骤二:按 $W+S1×S2×P$ 计算屈曲,得临界荷载系数 $S3$。

重复上述步骤,直到临街荷载系数接近于 1.0,此时的 $S1×S2×S3×Sn$ 即为活荷载的最终临界荷载系数(如图 3 所示)。

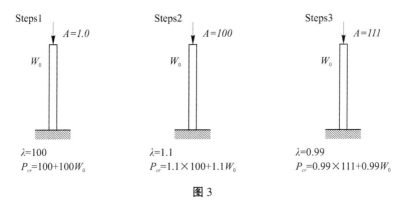

图 3